Elektrotechnik ohne Vorkenntnisse

Die Grundlagen innerhalb von 7 Tagen verstehen

Benjamin Spahic

Impressum:

PBD  Verlag

Autor: Benjamin Spahic
Anschrift:
Benjamin Spahic
Konradin-Kreutzer-Str. 12
76684 Östringen

Lektor: Mentorium GmbH
Zweitlektor: Roland Blümel
Cover: Kim Nusko
ISBN Taschenbuch: 979-8647892232
ISBN Hardcover: 9798710128817

E-Mail: _BenjaminSpahic@pbd-verlag.de_
Linkedin: Benjamin Spahic
Elektrotechnik ohne Vorkenntnisse
Ersterscheinung 23.05.2020
Vertrieb durch kindledirectpublishing
Amazon Media EU S.à r.l., 5 Rue Plaetis, L-2338, Luxembourg

Inhalt

Vorwort und Einleitung 8

1 Grundlagen der Mathematik 12

1.1 Gleichungen lösen 12

1.2 Exponentialfunktionen 13

1.3 Potenzgesetze 13

1.4 Die Eulersche Zahl e 15

1.5 Logarithmen 15

1.6 Logarithmen Tabelle 16

1.7 Das griechische Alphabet 17

1.8 Sinus, Kosinus, Tangens 18

1.9 Sinus- und Kosinusfunktionen 19

1.10 Arkussinus, Arkuskosinus, Arkustangens 21

1.11 Zweidimensionale Koordinatensysteme 21

2 Grundlagen Physik 24

2.1 Notation, Großbuchstaben, Kleinbuchstaben 24

2.2 Präfixe für einen großen Dynamikbereich 25

2.3 Das „Système International d'unités" 27

2.4 Abgeleitete SI-Einheiten 28

2.5 Darstellen von Differenzen 29

2.6 Energieerhaltung und Wirkungsgrad 29

2.7 Die Energie 32

2.8 Die Leistung 33

3 Vom Wassermodell zum Stromkreis 36

3.1 Atome, Elektronen, Protonen 37

3.2 Wann leitet ein Material Strom? 38

4 Das elektrische Feld 40

4.1	Darstellung von E-Feldern	40
4.2	Die Kraft im elektrischen Feld	42
4.3	Das elektrische Potenzial und die Spannung U	44
4.4	Die Stromstärke I	46
4.5	Technische und physikalische Stromrichtung	47
5	Das magnetische Feld	48
5.1	Elementarmagneten	49
5.2	Darstellen von Magnetfeldern	51
5.3	Elektromagnetismus	52
5.4	Induktionsgesetz	53
5.5	Magnetische Fluss und Induktion	54
5.6	Die Lenzsche Regel	55
5.7	Die Lorentzkraft	56
5.8	Die Drei-Finger-Regel	58
5.9	Überblick: E-Feld und B-Feld	58
6	Kennzeichnungen und Schaltsymbole	60
6.1	Masse und Erde	60
6.2	Verbraucher	60
6.3	Der fertige Stromkreis	61
6.4	Was passiert ohne Verbraucher?	62
6.5	Zählpfeilsysteme	62
6.6	Spannungspfeile	63
6.7	Strompfeile	63
6.8	Erzeuger und Verbraucherpfeilsystem	64
6.9	Kirchhoffsche Gesetze	64

6.10	Der Knotensatz	65
6.11	Der Maschensatz	66
7	Der elektrische Widerstand	68
7.1	Reihenschaltung von Widerständen	71
7.2	Spannungsteiler	71
7.3	Parallelschaltung von Widerständen	72
7.4	Sonderform für zwei Widerstände	73
7.5	Stromteiler	73
7.6	Elektrische Leistung	74
7.7	Anwendungsbeispiel: Widerstände in einem Netzteil	75
8	Halbleiter: PN-Übergang, Diode, Transistor	76
8.1	Aufbau einer Diode	77
8.2	Exkurs: LED	80
8.3	Der Transistor	81
8.4	Der bipolare Transistor	82
8.5	Der Feldeffekttransistor	84
9	Der Kondensator	88
9.1	Aufladen eines Kondensators	91
9.2	Entladen des Kondensators	95
9.3	Wie viel Energie kann ein Kondensator speichern?	97
9.4	Einsatzgebiet von Kondensatoren	98
10	Die Spule	100
10.1	Magnetische Kopplung	102
10.2	Einschaltvorgang einer Spule	103
10.3	Ausschaltvorgang einer Spule	106
10.4	Wie viel Energie kann eine Spule speichern?	108

10.5	Vergleich Kondensator und Spule	109
11	Praxisbeispiel – LED-Einschaltverzögerung	110
11.1	Die Schaltung	111
11.2	Berechnen der Zeitverzögerung	112
12	Einführung Wechselstromlehre	114
12.1	Erzeugung von Strom	114
12.2	Stromerzeugung mittels Generatoren	118
12.3	Aufbau des Stromnetzes	129
13	Bauteile im Wechselstromkreis	138
13.1	Der Widerstand	139
13.2	Der Kondensator	140
13.3	Die Spule	144
13.4	Wirk-, Blind- und Scheinleistung	148
13.5	Der elektromagnetische Schwingkreis	152
13.6	Elektromagnetische Strahlung	158
14	Zusammenfassung	161
Gratis E-Book		162

Vorwort und Einleitung

Kaum ein Themengebiet ist so vielfältig und steuert unseren Alltag so sehr wie die Elektrotechnik.

Morgens werden wir vom Smartphone oder dem digitalen Wecker geweckt. Ohne integrierte Schaltkreise und sich synchronisierende Uhren würde wohl ein Großteil der Bevölkerung nicht zeitig aus dem Bett kommen. Anschließend stehen wir auf und schalten ganz selbstverständlich das Licht ein. Ohne Elektrizität müssten wir uns im Kerzenschein durch die Gänge tasten, um in die Küche zu finden.

Während des Frühstücks überprüfen wir unsere Mails oder lesen online Nachrichten. Ohne digitale Datenübertragung würden wir nicht mitbekommen, was es Neues in unserer Welt gibt.

„Der Fortschritt der Technologie basiert darauf, sie so anzupassen, dass man sie nicht einmal wirklich bemerkt, dass sie Teil des täglichen Lebens ist."

- Bill Gates

Dieses Prozedere zieht sich durch unseren gesamten Alltag. Dank der Steuerelektronik im Auto bringt uns unser Gefährt sicher zur Arbeit, Maschinen und Computer sorgen für eine stetig steigende Wirtschaftsleistung, und am Ende des Tages liegen wir entspannt auf der Couch und genießen die neusten Netflix-Serien oder sehen uns lustige Katzenvideos auf YouTube an. Für all diese Bereiche bildet die Elektrotechnik das Fundament. Von der Erzeugung und Bereitstellung des Stromnetzes über die Datenverarbeitung und Übertragung bis hin zur Nanotechnologie.

Bei aller Wichtigkeit gibt es jedoch ein großes Problem: Die Begeisterung, Elektrotechnik verstehen und erlernen zu wollen, hält sich in der Gesellschaft sehr in Grenzen. Nur ein kleiner, elitärer Teil setzt sich mit dem Themengebiet auseinander.

Da du dieses Buch gekauft hast, scheinst du zu diesem Kreis zu gehören. Vielleicht bist du noch ein Schüler, der überlegt, ein Ingenieursstudium aufzunehmen, vielleicht bist du ein Quereinsteiger, der nur die Grundlagen verstehen möchte, oder vielleicht bist du ein Programmierer, der mehr über die Hardware erfahren möchte. In jedem Fall wirst du es nicht bereuen, dich mit der Materie auseinanderzusetzen.

Wenn man sich das erste Mal mit Elektrotechnik beschäftigt, findet man verschiedene Bücher, teilweise über 500 Seiten stark, die für Neueinsteiger vollkommen ungeeignet sind. Sie enthalten seitenlange mathematische Herleitungen, die man nach einer Woche wieder vergessen hat. Natürlich haben auch diese Bücher ihre Daseinsberechtigung, beispielsweise wenn man die Materie bis ins kleinste Detail hinterfragen und verstehen will. Aber für einen Großteil der Interessenten ist das weder erforderlich noch effektiv.

Und genau aus dieser Problemstellung heraus ist dieses Buch entstanden.

Es ist ein Einsteiger-Ratgeber für Wissbegierige, die ohne viel Vorwissen schnellstmöglich die grundlegenden Prinzipien der Elektrotechnik verstehen und erlernen wollen.

Was ist Spannung? Wie errechne ich meinen Stromverbrauch, und wie kann ich selbst eine kleine, elektrische Schaltung aufbauen? Dabei legt dieses Buch großen Wert darauf, reale Werte und Beispiele und keine utopischen Rechenbeispiele zu verwenden. Dieses Buch bietet Praxisnähe und beleuchtet gleichzeitig, soweit es nötig ist, die mathematischen Grundprinzipien und Herleitungen. Nachdem du diesen Einsteigerratgeber gelesen hast, wirst du ein Gefühl für elektrische Größen haben. Du kannst Zahlen im Sachzusammenhang richtig einordnen und weißt, worauf es ankommt.

Voraussetzungen und Wissensstand:

Dieses Buch ist für jeden geeignet, der eine Grundbegeisterung für Technik und mathematisches Verständnis mitbringt. Da bei dem einen oder anderen Leser die letzte Mathematik- oder Physikstunde etwas zurückliegt, werden im ersten Kapitel die Grundlagen der Mathematik und Physik behandelt.

Es wird also von einem Leser mit technischem Verständnis, aber ohne tiefgehende Vorkenntnisse ausgegangen.

Falls du von dir selbst sagen kannst, dass du in diesen Bereichen keinen Nachholbedarf hast, kannst du gegebenenfalls mit dem zweiten Kapitel beginnen, in dem die Analogie des Strom- und Wasserkreislaufs dargestellt wird. Es empfiehlt sich jedoch, die Grundlagen zumindest noch einmal zu überfliegen.

Im Buch findest du an bestimmten Stellen folgende Icons:

 Rechensymbole: Hier wird es komplexer. Es wird ein Exkurs oder eine mathematische Herleitung angeführt.

Die Herleitung eines Themengebiets ist für das Verständnis hilfreich, ist jedoch nicht essenziell notwendig und eher zum Nachschlagen gedacht.

 Glühbirne: Hier werden die Kernpunkte eines Kapitels zusammengefasst. Diese Aussagen eignen sich gut zum Nachschlagen oder wenn man ein Themengebiet noch einmal überfliegt.

 Achtung: Hier werden häufige Fehler genannt. Es wird gezeigt, wo und warum man häufig Hindernisse oder falsche Annahmen trifft.

 Taschenrechner: Beispielrechnungen oder Verständnisfragen zum Nachvollziehen und Verinnerlichen.

Neu erlerntes bleibt deutlich besser erhalten, wenn man das Wissen sofort anwendet. Wenn du bei einer Verständnisfrage grübeln musst, ist das ein Indiz, dass du das vorherige Kapitel noch einmal durchgehen solltest, bevor du mit dem Lesen fortfährst.

Jetzt wünsche ich dir viel Spaß beim Lesen und Eintauchen in die wundervolle Welt der Elektrotechnik.

1 Grundlagen der Mathematik

Wenn man in die Elektrotechnik eintaucht, wird das Jonglieren mit Termen und Gleichungen zur Tagesordnung. Die Grundlage dafür bietet uns die Mathematik. Sie dient uns als Werkzeug.

Genau wie ein Schreiner mit Hammer und Meißel umgehen können muss, müssen wir wissen, wie man Formeln richtig zusammenfassen oder vereinfachen kann. Im Folgenden werden grundlegende Rechengesetze, Funktionstypen und Zahlensysteme behandelt. Wer eine Hochschulreife erlangt hat, wird die meisten Bereiche bereits kennen, jedoch werden auch Teilaspekte besprochen, die man beispielsweise nur in technischen Gymnasien erlernt. Die Mathematik ist erfahrungsgemäß ein notweniges Übel, deshalb wird auf jedes Themengebiet nur so weit eingegangen, wie es für das Verständnis dieses Buches wichtig ist.

1.1 Gleichungen lösen

Das Ziel des Lösens einer Gleichung ist es, die Gleichung so umzustellen, dass wir am Ende die gesuchte Variable auf einer Seite des Gleichheitszeichens stehen haben.

$3x + 8 = -2x + 3$
...
$x = -1$

Dazu müssen wir die Gleichung in mehreren Schritten bearbeiten, um die Variable zu isolieren.

 Beim Lösen einer Gleichung formt man sie Schritt für Schritt um, bis die gesuchte Variable (z. B. x) allein und positiv auf einer Seite steht. Die Umformungen bezeichnet man als Äquivalenzumformungen. Dadurch wird die Aussage der Gleichung nicht verfälscht.

Beispielsweise können wir auf beiden Seiten einer Gleichung eine Konstante oder Variable addieren, subtrahieren oder beide Seiten mit einem Faktor multiplizieren, dividieren, potenzieren etc. Wenn man eine Äquivalenzumformung anwendet, schreibt man diese zusammen mit einem senkrechten Strich an das Ende der Zeile.

$$3x + 8 = -2x + 3 \qquad | +2x$$
$$5x + 8 = 3 \qquad | -8$$
$$5x = -5 \qquad |:5$$
$$x = -1$$

Dabei müssen alle Umformungen immer auf beiden Seiten der Gleichung erfolgen. Das Umformen von Gleichungen wird uns in jedem Kapitel mehrfach begegnen.

1.2 Exponentialfunktionen

Exponentialfunktionen kommen häufiger im Alltag vor, als wir annehmen. Fast jeder natürliche Prozess ist auf eine Exponentialfunktion zurückzuführen: das Wachstum von Bakterien, das Erwärmen oder Abkühlen von jeglicher Materie (ob Speisen, Sand oder Metall) oder elektrotechnische Prozesse, wie das Aufladen und Entladen von Akkumulatoren, Batteriespeichern oder Kondensatoren. Um die Wirkungsweise dieser Vorgänge zu verstehen, widmen wir uns zunächst den mathematischen Grundlagen - den Exponentialfunktionen.

Eine Exponentialfunktion ist eine Funktion der Form

$f(x) = a^x$

Dabei heißt a die Basis und x der Exponent (umgangssprachlich Hochzahl). Die Basis muss dabei eine reelle Zahl sein, die größer als 0 und ungleich 1 ist. Der Exponent ist meistens Teil der reellen Zahlen. Zu beachten ist außerdem der Fall für $x = 0$

$a^0 = 1$

Für jede beliebige Basis a.

1.3 Potenzgesetze

Potenzgesetze sind auf Terme mit ähnlichen Eigenschaften anwendbar und ermöglichen uns, Potenzen übersichtlicher zusammenzufassen. In der Elektrotechnik muss man viel mit Exponenten rechnen, deshalb hilft es, wenn man einige Tricks parat hat.

 Alle nachfolgenden Gleichungen funktionieren immer in beide Richtungen!

Potenz mit negativem Exponenten

Ist der Exponent einer Potenz negativ, lässt sich die Potenz umschreiben zu

$$a^{-b} = \frac{1}{a^b}$$
$$2^{-2} = \frac{1}{2^2}$$

Multiplikation von Potenzen mit gleicher Basis

Werden zwei oder mehrere Potenzen mit gleicher Basis miteinander multipliziert, addieren sich die Exponenten. Die Basis bleibt unverändert.

$$a^b \cdot a^c = a^{b+c}$$
$$3^2 \cdot 3^5 = 3^{2+5} = 3^7$$

Division von Potenzen mit gleicher Basis

Werden zwei oder mehrere Potenzen mit gleicher Basis dividiert, subtrahieren sich die Exponenten. Die Basis bleibt unverändert. Die Herleitung ergibt sich, indem man die Division als Multiplikation mit negativem Exponenten schreibt.

$$\frac{a^b}{a^c} = a^b \cdot a^{-c} = a^{b-c}$$
$$\frac{2^5}{2^3} = 2^{5-3} = 2^2$$

Multiplikation von Potenzen mit gleichem Exponenten

Werden zwei oder mehrere Potenzen mit gleichem Exponenten, aber unterschiedlicher Basis miteinander multipliziert, werden die Basen multipliziert. Der Exponent bleibt unverändert.

$$a^c \cdot b^c = (a \cdot b)^c$$
$$2^5 \cdot 3^5 = (2 \cdot 3)^5 = 6^5$$

Division von Potenzen mit gleichem Exponenten

Werden zwei oder mehrere Potenzen mit gleichem Exponenten, aber unterschiedlicher Basis dividiert, werden die Basen geteilt. Der Exponent bleibt unverändert.

$$\frac{a^c}{b^c} = \left(\frac{a}{b}\right)^c$$
$$\frac{2^5}{3^5} = \left(\frac{2}{3}\right)^5$$

Potenzieren von Potenzen

Wird eine (Basis mit) Potenz exponenziert, werden die Exponenten miteinander multipliziert.

$$\left(a^b\right)^c = a^{b \cdot c}$$

$$(2^3)^5 = 2^{3 \cdot 5} = 2^{15}$$

1.4 Die Eulersche Zahl e

Die Eulersche Zahl **e** ist eine Konstante. Sie wurde nach dem Schweizer Mathematiker Leonhard Euler benannt und ist im Bereich der irrationalen, reellen Zahlen definiert durch den Grenzwert

$$e = \sum_{k=0}^{\infty} \frac{1}{k!} = 1 + \frac{1}{1} + \frac{1}{1 \cdot 2} + \frac{1}{1 \cdot 2 \cdot 3} + \cdots = 2{,}718\ldots$$

Für das elektrotechnische Verständnis ist diese Definition nicht wichtig, jedoch sei sie der Vollständigkeit halber erwähnt.

Neben dieser Definition gibt es noch zahlreiche weitere Grenzwerte, die sich e annähern.

Im Rahmen dieses Buches reicht es aus, den numerischen Wert von circa 2,72 ... im Kopf zu behalten.

Die Zahl ist in der Elektrotechnik sowie allgemein in der gesamten Analysis und vielen weiteren Teilgebieten der Mathematik von großer Bedeutung.

Die Eulersche Zahl kommt in vielen natürlichen Ereignissen wie dem radioaktiven Zerfall, dem natürlichen Wachstum oder dem Laden und Entladen von elektronischen Bauteilen, wie Kondensatoren oder Spulen, vor. Wenn die Eulersche Zahl die Basis einer Exponentialfunktion bildet, spricht man von einer e -Funktion mit $f(x) = e^x$

Die Besonderheit der e −Funktion ist, dass die Steigung in jedem Punkt dem Funktionswert an dem jeweiligen Punkt entspricht. Mathematisch ausgedrückt bedeutet das: $f'(x) = f(x)$

1.5 Logarithmen

Logarithmen kommen ebenso häufig wie Exponentialfunktionen im Alltag vor, beispielsweise im menschlichen Ohr, bei natürlichem Zerfall, pH-Werten oder unserem Helligkeitsempfinden.

Die Grundrechenarten, also „plus und minus" sowie „mal und geteilt", sind bekannt. Zu jeder mathematischen Operation gibt es eine entsprechende Umkehrfunktion. Möchte man beispielsweise eine Addition umkehren, subtrahiert man; eine Multiplikation wird mittels Division umgekehrt. Zur Umkehrung des Potenzierens wird die Logarithmusfunktion verwendet.

Beispielsweise ist das Lösen der Gleichung: $10^x = 1000$ gefragt.

Um die Lösung, also unsere gesuchte Variable x, zu erhalten, wenden wir die Logarithmusfunktion zur Basis 10 an, umgangssprachlich „ziehen wir den Logarithmus zur Basis 10". Die Zahl, die im Logarithmus steht, heißt Numerus oder auch Logarithmand.

$$\log_{10}(10^x) = \log_{10}(1000) \rightarrow x = 3$$

Die Basis wird als Index an den Logarithmus geschrieben.

In Worten gefasst löst der Logarithmus das Problem: „Hoch welcher Zahl muss ich die Basis (im Beispiel 10) nehmen, damit das Ergebnis (1000) herauskommt". Die Antwort im Beispiel ist drei, denn

$$10^3 = 1000$$

Zu jeder Basis existiert ein entsprechender Logarithmus. Einige kommen häufiger vor und haben daher eine eigene Abkürzung erhalten.

1.6 Logarithmen Tabelle

Die folgende Tabelle zeigt die Schreibweise der Logarithmen zur Basis

Basis des Logarithmus	Schreibweise	Bezeichnung
Beliebige Zahl a	$\log_a z$	Logarithmus zur Basis a
2	$\text{lb} z = \log_2 z$	Zweierlogarithmus
e	$\ln z = \log_e z$	Natürlicher Logarithmus
10	$\lg z = \log_{10}$	Zehnerlogarithmus

Der natürliche Logarithmus ist der in der Mathematik am meisten verwendete Logarithmus. Der Zweierlogarithmus wird häufig im IT-Sektor verwendet, da ein Computer digital arbeitet, also binär nur mit Einsen und Nullen rechnet.

1.7 Das griechische Alphabet

Neben dem Lösen von Gleichungen und den Potenzgesetzen verwenden wir in der Elektrotechnik häufig das griechische Alphabet und dabei sowohl die Groß- als auch die Kleinbuchstaben. Die Bezeichnungen werden sich in den kommenden Kapiteln wiederholen. Das griechische Alphabet ist ähnlich aufgebaut wie das unsere und ist daher leicht zu verstehen. Dabei müssen wir nicht das komplette Alphabet auswendig lernen. Die Buchstaben, die wir benötigen, werden in den kommenden Kapiteln noch einmal ausführlicher erklärt. Trotzdem ist ein Überblick und eine Nachschlageseite nicht verkehrt und hilft, wenn wir die Aussprache oder einen bestimmten Buchstaben suchen.

Die folgende Tabelle zeigt das griechische Alphabet, sowohl in Groß- als auch in Kleinschreibung.

Großbuchstabe	Kleinbuchstabe	Aussprache
A	α	Alpha
B	β	Beta
Γ	γ	Gamma
Δ	δ	Delta
E	ε / ϵ	Epsilon
Z	ζ	Zeta
H	η	Eta
Θ	$\theta\ \vartheta$	Theta
I	ι	Iota
K	$\kappa /$	Kappa
Λ	λ	Lambda
M	μ	My [mü]
N	ν	Ny [nü]
Ξ	ξ	Xi

Grundlagen der Mathematik

Ο	ο	Omikron
Π	π	Pi
Ρ	ρ	Rho
Σ	σ	Sigma
Τ	τ	Tau
Υ	υ	Ypsilon
Φ	ϕ / φ	Phi
Χ	χ	Chi
Ψ	ψ	Psi
Ω	ω	Omega

1.8 Sinus, Kosinus, Tangens

Neben dem Anwenden von Rechengesetzen schauen wir uns noch etwas Trigonometrie an.

Sinus, Kosinus und Tangens beschreiben das Verhältnis der Länge von zwei Seiten innerhalb eines rechtwinkligen Dreiecks.

Das Dreieck besteht aus zwei Katheten und einer Hypotenuse. Die Kathete, die am Winkel α und dem rechten Winkel anliegt, wird als Ankathete von α bezeichnet.

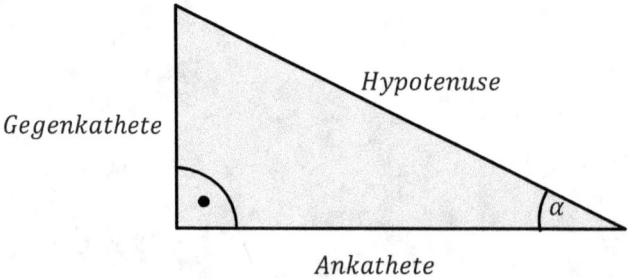

Abbildung 1: Rechtwinkliges Dreieck

Die Seite, die gegenüber dem Winkel α liegt, wird als Gegenkathete bezeichnet.

$$\sin \alpha = \frac{\text{Gegenkathete}}{\text{Hypotenuse}}$$
$$= \cos(\alpha - 90°)$$
$$\cos \alpha = \frac{\text{Ankathete}}{\text{Hypotenuse}}$$
$$= \sin(\alpha + 90°)$$
$$\tan \alpha = \frac{\sin \alpha}{\cos \alpha} = \frac{\text{Gegenkathete}}{\text{Ankathete}}$$

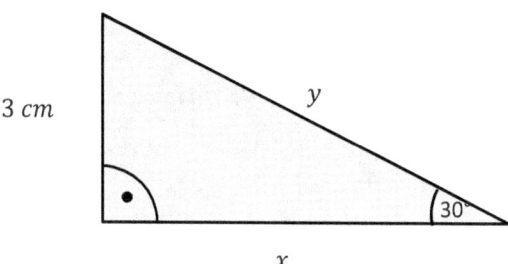

Abbildung 2: Sinus und Kosinus am rechtwinkligen Dreieck

$$\sin(30°) = \frac{\text{Gegenkathete}}{\text{Hypotenuse}} = \frac{3\,cm}{y} \; ; \; \cos(30°) = \frac{\text{Ankathete}}{\text{Hypotenuse}} = \frac{x}{y} \; ;$$

$$\tan(30°) = \frac{\sin \alpha}{\cos \alpha} = \frac{3\,cm}{x}$$

$$=> y = \frac{3\,cm}{\sin(30°)} = \frac{3\,cm}{0{,}5} = 6\,cm \qquad => x = \frac{3\,cm}{\tan(30°)} = \frac{3\,cm}{0{,}577}$$
$$\approx 5{,}2\,cm$$

1.9 Sinus- und Kosinusfunktionen

Wird in einem Dreieck die Hypotenuse auf Eins gesetzt, entspricht der Sinus eines Winkels seiner Gegenkathete, der Kosinus des Winkels seiner Ankathete.

Grundlagen der Mathematik

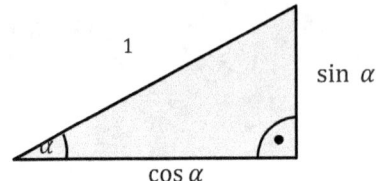

Abbildung 3: Sinus und Kosinus bei Hypotenuse der Länge 1

$\sin \alpha = \frac{\text{Gegenkathete}}{\text{Hypotenuse}} = \text{Gegenkathete} \quad ; \quad \cos \alpha = \frac{\text{Ankathete}}{\text{Hypotenuse}} = \text{Ankathete}$

Wird anschließend der Winkel α von 0° bis 360° verändert, erhalten wir eine Funktion, die den Wert der Gegen- bzw. Ankathete in Abhängigkeit des Winkels ausdrückt.

Anstatt den Winkel in Grad anzugeben ist es üblich, eine Umrechnung in Kreiswinkel bzw. dem Bogenmaß, den sogenannten Radianten, zu verwenden. Ein Kreis mit dem Radius $r = 1$ besitzt den Umfang von. $U = 2\pi$ Dieser Umfang wird als Referenz für einen Vollwinkel von 360° verwendet. 360° entsprechen dabei 2π, 180° entsprechen π und so weiter. Aus dem Winkel α wird $.x = \frac{\alpha}{360°} \cdot 2\pi$

Wenn wir die Länge des Sinus und des Kosinus über den Winkel auftragen, erhalten wir die Sinus- bzw. Kosinus-Funktion.

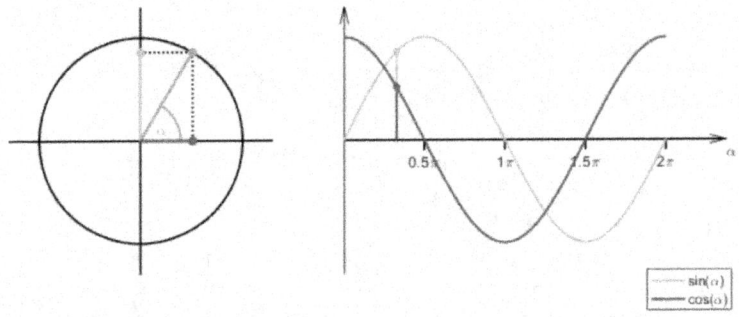

Abbildung 4: Sinus- und Kosinusfunktion

Jede natürliche Schwingung besteht aus überlagerten Sinus- und Kosinusfunktionen.

1.10 Arkussinus, Arkuskosinus, Arkustangens

Die Sinus-, Kosinus- und Tangensfunktion bilden ein Verhältnis oder eine Zahl auf einen Winkel bzw. einen Radiantenwert ab. Ebenso wie die Wurzel die Umkehrfunktion der Potenzierung oder die Logarithmusfunktion die Umkehrfunktion der Expotentialfunktion ist, gibt es auch für Sinus, Kosinus und Tangens die entsprechende Umkehrfunktionen.

Der Arkussinus $arcsin()$, Arkuskosinus $arccos()$ und Arkustangens $arctan()$ sind die Umkehrfunktionen und lassen aus dem Verhältniswert den Radianten oder den Winkel berechnen.

Bei dem Beispiel $\sin \alpha = 0{,}5$ wenden wir den Arkussinus an, um die Sinusfunktion zu kompensieren und den entsprechenden Winkel zurückzubekommen.

$\sin \alpha = 0{,}5$

$\arcsin (\sin \alpha) = \arcsin (0{,}5)$

$\alpha = \arcsin(0{,}5) =>$ Taschenrechner $\alpha = 30°$

Oftmals wird statt $\arcsin(x)$ der Ausdruck $\sin^{-1}(x)$ verwendet. Analog $\cos^{-1}(x)$ für den Arkuskosinus oder $\tan^{-1}(x)$. Strenggenommen ist das falsch, beispielsweise ist $\sin^{-1}(x) = \frac{1}{\sin(x)} \neq \arcsin(x)$.

Das entspricht nicht dem Arkussinus. Jedoch sind die Ausdrücke $\sin^{-1}(x)$, $\cos^{-1}(x)$, und $\tan^{-1}(x)$ weit verbreitet und jeder, der sich mit der Thematik auskennt, weiß, dass die Arkus-Funktionen gemeint sind.

1.11 Zweidimensionale Koordinatensysteme

Bevor wir das Kapitel der Mathematik abschließen können, widmen wir uns noch dem Darstellen von Zahlen und Funktionen in Koordinatensystemen. Wir verwenden dazu das kartesische Koordinatensystem. Dieses ist den meisten aus der Schule im Gedächtnis geblieben. Kartesisch bedeutet, dass die Achsen senkrecht aufeinander stehen.

Im Rahmen dieses Buches beschränken wir uns lediglich auf zwei Dimensionen mit zwei Achsen. Die horizontale Achse heißt Abszissenachse und wird einfacher als x-Achse bezeichnet. Die vertikale Achse hingegen wird als Ordinatenachse, Hochachse oder einfacher y-Achse bezeichnet. Die räumliche Tiefe, die eine dritte Dimension darstellt, werden wir nicht beachten, da es sonst schnell zu komplex werden kann. Die Rechnungen sind bei zwei Koordinatenachsen analog.

In dieses Koordinatensystem können wir Punkte eintragen. Ein Punkt im mathematischen Sinne ist ein Kreis mit unendlich kleinem Radius. Meistens wird ein Punkt als Kreuz, Rechteck oder Kreis dargestellt. Ein Punkt besitzt eine x- sowie eine y-Koordinate.

$P = (x|y)$

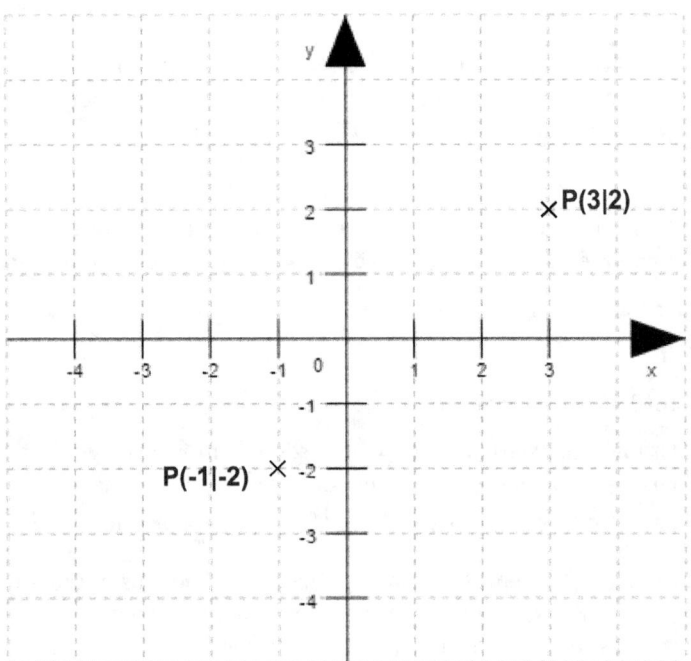

Abbildung 5: Kartesisches Koordinatensystem

 Wichtig zu verstehen ist, dass sich ein Koordinatensystem immer auf einen Ursprung bzw. den Nullpunkt bezieht, den wir selbst festlegen können!

Dieser besitzt stets die Koordinaten (0|0). Der Nullpunkt kann die Ecke eines Zimmers sein, der Startpunkt einer Rennstecke oder, wie auf der Weltkarte, unsere Pole. Meistens ergibt er sich aus einer Aufgabenstellung.

 Durch geschickte Wahl des Nullpunktes können die nachfolgenden Berechnungen oftmals vereinfacht werden.

Der große Vorteil von Koordinatensystemen ist, dass wir mathematische Sachverhalte grafisch darstellen können. Dadurch erhält man ein klareres Bild und das Verständnis wird erleichtert

Neben einzelnen Punkten können wir auch ganze Funktionen grafisch in einem Koordinatensystem darstellen. Die Funktion weist jedem x-Wert einen y-Wert zu. Für unendlich viele Werte ergibt sich daraus eine kontinuierliche Linie, der Graph der Funktion.

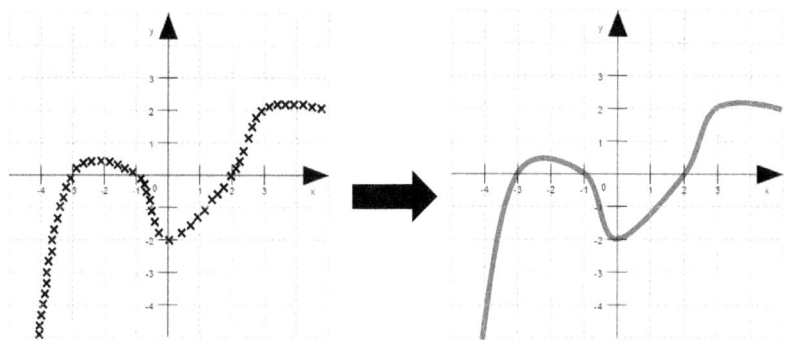

Abbildung 6 und 7: Punkte im Koordinatensystem werden zum Funktionsgraphen

Damit beenden wir den kurzen Rückblick über das kartesische Koordinatensystem.

Es gibt noch weitaus mehr Koordinatensysteme, als man denken mag. Beispielsweise kann man die Position eines Punktes (im Verhältnis zum Ursprung) nicht nur als Länge (x-Achse) und Höhe (y-Achse) beschreiben, sondern auch als Radius vom Ursprung und einem Winkel. Für dieses Buch sind diese jedoch nicht von Bedeutung und werden daher nicht weiter vertieft.

Grundlagen der Mathematik

2 Grundlagen Physik

Nachdem wir uns durch die mathematischen Grundlagen gekämpft haben, kümmern wir uns in diesem Kapitel um einige Konventionen in der Physik.

Deutsche Ingenieure sind bekannt für ihre Ordnung, Übersicht und ihre korrekten Notationen. In vielen Bereichen der Technik hat man sich auf einen Konsens geeinigt, um eine „einheitliche Sprache zu sprechen". Als Hobby-Elektrotechniker ist das weniger von Bedeutung, in einem internationalen Team schon eher. Denn spätestens, wenn man Hilfe benötigt und jemand Unbeteiligtes die Gedankengänge nachvollziehen muss, ist eine korrekte Notation für das Verständnis unumgänglich. Daher befassen wir uns hier mit diesem Themengebiet.

2.1 Notation, Großbuchstaben, Kleinbuchstaben

Die wichtigsten Notationsvorschriften lauten dabei:

1. Wird ein Index gesetzt, sollte dieser sinnhaft sein.

    Das Auto fährt mit einer Geschwindigkeit von $v_{Auto} = 10 \frac{km}{h}$.

2. Sind mehrere gleiche Größen innerhalb eines Gebietes vorhanden, unterscheidet man durch Indizes. Die einfachste Methode ist das Durchnummerieren der Größen.

    Auto 1 fährt mit $v_1 = 10 \frac{km}{h}$, Auto 2 fährt mit $v_2 = 20 \frac{km}{h}$.

3. Es gibt keine Vorschrift, wie man Indizes vergeben muss. Es hat sich jedoch durchgesetzt, dass ein Anfangswert den Index Null erhält und anschließend durchnummeriert wird.

    Das Auto fährt konstant mit einer Anfangsgeschwindigkeit von

    $V_0 = 10 \frac{km}{h}$, anschließend beschleunigt es mit $5 \frac{m}{s^2}$.

4. Ist eine Größe zeitabhängig, verwenden wir Kleinbuchstaben. Außerdem wird die Variable, von der die Größe abhängig ist, in runden Klammern angegeben.

    Die Geschwindigkeit **v** des Autos über die Zeit **t** wird durch **v(t)** beschrieben.

5. Bei digitalen Inhalten, wie diesem Buch, ist die Konvention, dass zwischen Zahl und Einheit ein Leerzeichen steht.

 Die Ausnahme bildet dabei das Gradzeichen, wenn wir von einem Winkel sprechen, nicht aber, wenn wir von Temperaturen sprechen.

20 °C, aber ein Winkel von **180°**.

6. Für physikalische Größen werden die international gängigen Formelzeichen verwendet.

$$U = R \cdot I$$

Durch Einhalten dieser Konventionen ist ein Wissensaustausch auch über Landesgrenzen hinweg sichergestellt. Deshalb halten wir uns in diesem, wie in jedem anderen Lehrbuch strikt an die korrekte Notation.

Ein Unterschied hat sich jedoch noch nicht vereinheitlicht. In der amerikanischen Notation sind Kommata und Punkte zur Trennung von Zahlen vertauscht. In Deutschland wird das Komma nach den Einern geschrieben. In den USA oder England wird stattdessen ein Punkt verwendet. In Deutschland hingegen verwenden wir den Punkt, um große Zahlen übersichtlicher zu gestalten, in den Vereinigten Staaten wird das Komma verwendet.

Deutsche Notation	**Englische Notation**
3.000.000,122	3,000,000.122

Als Nächstes schauen wir uns an, wie wir sehr große Zahlen und sehr kleine Zahlen darstellen können.

2.2 Präfixe für einen großen Dynamikbereich

Die Physik bedient sich der Mathematik als Werkzeug, um Ereignisse in Zahlen zu fassen und damit rechnen zu können. Da die Welt einen sehr großen Wertebereich abdeckt, wurden Präfixe eingeführt. Statt 1000 Metern schreibt man 1 km, statt 0,001 Metern schreibt man 1 mm und so weiter. Eine Übersicht der Präfixe zeigt die folgende Tabelle.

Bezeichnung	Dezimalzahl	Potenz-schreibweise	Name	Abkürzung
Ein Billiardstel	0,000000000000001	10^{-15}	Femto	f
Ein Billionstel	0,000000000001	10^{-12}	Piko	p
Ein Milliardstel	0,000000001	10^{-9}	Nano	n
Ein Millionstel	0,000001	10^{-6}	Mikro	µ
Ein Tausendstel	0,001	10^{-3}	Milli	m
Eins	1	10^{0}	-	-
Ein Tausend	1.000	10^{3}	Kilo	k
Eine Million	1.000.000	10^{6}	Mega	M
Eine Milliarde	1.000.000.000	10^{9}	Giga	G
Eine Billion	1.000.000.000.000	10^{12}	Tera	T
Eine Billiarde	1.000.000.000.000.000	10^{15}	Peta	P

Wir erinnern uns an die mathematischen Grundlagen zurück.

 Wir können Präfixe stets als Potenz schreiben und anschließend die Potenzgesetze anwenden.

Nehmen wir dazu ein Beispiel, in dem wir drei km (Kilometer) mal fünf mm (Millimeter) rechnen sollen. Zunächst schreiben wir beide Werte als Hochzahl.

$3 \text{ km} = 3.000 \text{ m} = 3 \cdot 10^3 \, m$

$5 \text{ mm} = 0{,}005 \text{ m} = 5 \cdot 10^{-3} \, m$

$3 \text{ km} \cdot 5 \text{ mm} = 3 \cdot 10^3 \, m \cdot 5 \cdot 10^{-3} \, m$

Die Basis 10 ist gleich, daher können die Exponenten verrechnet werden. Die Zahlen vor den Exponenten werden separat verrechnet.

$3 \cdot 10^3 \text{ m} \cdot 5 \cdot 10^{-3} \text{ m} = 3 \cdot 5 \cdot 10^3 \cdot 10^{-3} m \cdot m = 15 \cdot 10^{3-3} \, m^2 = 15 \, m^2$

Wir teilen bei der Rechnung die Zahlen und ihre Präfixe auf und verrechnen sie separat.

Rechne und vereinfache:

Drei Millionen mal ein Milliardstel

Sieben Billionen mal 4 Tausendstel

Mit Einheiten:

Fünf Kilometer mal 8 Mikrometer

Ein Teranewton mal 7 Pikometer

Lösungen

$3 \cdot 10^6 \cdot 1 \cdot 10^{-9} = 3 \cdot 10^{-3} = 3 \, Tausendstel$

$7 \cdot 10^{12} \cdot 4 \cdot 10^{-3} = 28 \cdot 10^9 = 28 \, Milliarden$

$5 \cdot 10^3 \, m \cdot 8 \cdot 10^{-6} \, m = 40 \cdot 10^{-3} \, m^2 = 40 \, Quadratmillimeter$

$1 \cdot 10^{12} \, W \cdot 7 \cdot 10^{-12} \, m = 7 \cdot 10^0 \, N \cdot m = 7 \, Newtonmeter$

Newton ist die Einheit der Kraft, die wir später noch behandeln werden.

2.3 Das „Système International d'unités"

Wir haben bereits die Konventionen in der Physik behandelt. Nicht nur die richtige Notation ist enorm wichtig, sondern auch die Einheiten, mit denen wir rechnen, wie das folgende Beispiel zeigt:

Im Jahr 1999 ist die Marssonde „Climate Orbiter" beim Eintritt in die Marsatmosphäre verlorengegangen. Zunächst rätselten die Ingenieure, was schiefgelaufen war.

Die Auflösung ließ nicht lange auf sich warten und kam einer traurigen Komödie gleich. Ein NASA-Zulieferer benutzte das englische/imperiale Einheitensystem und berechnete die nötigen Abstände zum Landen auf dem Mars in Inches und Fuß. Ein zweites NASA-Kontrollteam übernahm die Werte, rechnete jedoch in Metern und Zentimetern. Die Daten waren entsprechend fehlerhaft und die Sonde verglühte beim Anflug auf den Mars in der Atmosphäre. Dieses teure Beispiel zeigt, wie wichtig es ist, ein einheitliches System zu verwenden. Um sinnvoll mit physikalischen Größen rechnen zu können, muss daher ein international gültiges Einheitensystem eingeführt werden.

In der Technik ist es das „Système International d'unités".

Im „Système International d'unités" wurden genau sieben Basiseinheiten festgelegt. Die Einheiten der Größen werden deswegen auch als SI-Einheiten bezeichnet.

Grundlagen Physik

Die SI-Einheiten wurde dabei fast alle durch Naturkonstanten definiert. Jede Basiseinheit ist durch eine Basisgröße, ein Formelzeichen sowie eine Einheit bzw. ein Einheitenzeichen definiert. Im Laufe des Buches werden wir auf alle physikalischen Größen und deren SI-Einheiten eingehen. Als Überblick empfiehlt sich die nachfolgende Tabelle mit allen sieben Basiseinheiten:

Basisgröße	Formelzeichen	Einheit	Einheitenzeichen
Zeit	t	Sekunde	s
Länge	s/l	Meter	m
Masse	m	Kilogramm	kg
Stromstärke	I	Ampere	A
Temperatur	T	Kelvin	K
Stoffmenge	n	Mol	mol
Lichtstärke	Iv	Candela	cd

Zu beachten ist auch, dass es „eingebürgerte" Einheiten gibt. Beispielsweise werden tausend Kilogramm als eine Tonne = 1000 kg = 1 t bezeichnet.

Bei Längeneinheiten und Flächeneinheiten wird auch oft der Präfix Zentimeter/Centimeter (1 cm = 0,01 m), Dezimeter (1 dm = 0,1 m) sowie ein Ar (1 a = 100 m²) verwendet.

2.4 Abgeleitete SI-Einheiten

In der Physik gibt es noch jede Menge weitere Größen, wie die Fläche A, die Kraft N oder die Spannung U. Alle anderen Größen können von den SI-Größen abgeleitet werden. Man spricht daher von abgeleiteten SI-Einheiten.

Die Fläche A ist eine abgeleitete SI-Einheit

$$Fläche = Länge \cdot Länge \; mit \; m \cdot m = m^2$$

Es ist gängig, eine physikalische Größe in eckige Klammern zu schreiben und anschließend die Einheit zu nennen.

Im Rahmen dieses Buches wird diese Konvention beibehalten, wenn etwas in Klammern steht, handelt es sich um eine Einheit.

Beispielsweise: Die Einheit der Zeit ist die Sekunde $[t] = s$.

2.5 Darstellen von Differenzen

Möchte man in der Physik die Differenz einer Größe darstellen, wird dafür ein Delta Δ verwendet. Für die Differenz zweier Energiemengen schreibt man beispielsweise: $E_2 - E_1 = \Delta E$.

Das große Delta beschreibt eine Differenz.

Das Differenzial

Lassen wir jetzt dieses Delta in Gedanken immer kleiner werden. Die Werte E2 und E1 nähern sich immer weiter an, werden jedoch niemals exakt gleich. Für diese Näherung einer unendlich kleinen Differenz verwendet man ein Differenzial. Aus dem großen Delta wird ein kleines d.

$\Delta E \rightarrow dE$

Die Änderung einer Größe nach einer anderen wird als Differenzial geschrieben. Beispielsweise ist die Geschwindigkeit gleich der Änderung der Strecke nach der Zeit.

Als Differenzialdarstellung:

$$v = \frac{s_2 - s_1}{t_2 - t_1} = \frac{\Delta s}{\Delta t} \rightarrow \frac{ds}{dt}$$

2.6 Energieerhaltung und Wirkungsgrad

Die meisten physikalischen Gesetze sind als „naturgegeben" anzusehen. Man kann diesen Gesetzen immer tiefer auf den Grund gehen, bis man auf der Ebene der kleinsten Teilchen angekommen ist. Wie stets gilt innerhalb dieses Rahmens jedoch, dass auf eine ausführliche Herleitung verzichtet wird und stattdessen das Verständnis und praktische Beispiele im Vordergrund stehen. So auch bei der Energieerhaltung.

Energieerhaltung besagt, dass im Universum eine feste Menge Energie vorhanden ist, und diese nicht vernichtet oder erzeugt werden kann. Energie kann lediglich in verschiedene Formen umgewandelt werden. Die meisten Formen, wie Wärme-, oder Bewegungsenergie, kennen wir bereits.

Beispielsweise wird bei einem Windkraftwerk die Bewegungsenergie des Windes als Rotationsenergie aufgenommen und anschließend in elektrische Energie umgewandelt.

Eine Einschränkung ergibt sich, dass bei jeder Umwandlung ein Anteil an nicht nutzbarer Energie anfällt, meistens in Form von Wärme. Das Verhältnis, wie viel Energie bei einer Umwandlung erhalten bleibt und wie viel verloren geht, beschreibt der Wirkungsgrad. Der Wirkungsgrad ist eine dimensionslose Größe und wird mit dem griechischen Buchstaben η (eta) abgekürzt. Der Wirkungsgrad ist definiert als Verhältnis der nutzbaren Energie zur gesamten Energie

$$\eta = \frac{\text{nutzbare Energie}}{\text{Gesamtenergie}}$$

Beim Umwandeln von Energie von einer Form in eine andere Form beschreibt der Wirkungsgrad das Verhältnis der nutzbaren Energie nach der Umwandlung zur gesamten Energie vor der Umwandlung. $\eta = \frac{\text{Enerie nach der Umwandlung}}{\text{Enerie vor der Umwandlung}}$

Eingespeiste Energie

Nutzbare Energie

Verluste (z.B. Wärme)

Man erkennt schnell, dass der Wirkungsgrad immer zwischen Null und Eins liegt. Oft wird der Wirkungsgrad in Prozent angegeben. Bei einem Wirkungsgrad von genau 1 (= 100 %) wird die komplette Energie verlustfrei umgewandelt. Bei einem Wirkungsgrad von null ist die komplette Energie nach der Umwandlung nicht mehr nutzbar.

Im Zusammenhang mit dem Wirkungsgrad werden auch oft die Begrifflichkeiten Exergie und Anergie verwendet. Exergie beschreibt den Teil der Energie, der genutzt werden kann. Beim Autofahren ist das der Anteil der Energie, der in Antrieb zur Fortbewegung umgewandelt wird. Die Abwärme, also die Erhitzung des Motors, die ungenutzte Energie, bezeichnet man dabei als Anergie.

Beispiele aus dem Alltag:

Photovoltaik-Module haben heutzutage einen Wirkungsgrad von circa 20 %. Das bedeutet, dass nur ein Fünftel der Sonnenenergie in Strom umgewandelt wird. Und dieser Strom muss dann wiederum auf die passende Spannung für die Steckdose gewandelt oder gespeichert werden, wobei wiederum Verluste im Bereich von 2–10 % auftreten können.

Energie aus Benzin 100%

30-45 % Bewegungsenergie

55-70 % Abwärme

Ein klassischer Verbrennungsmotor hat einen Wirkungsgrad von circa 45 %, ein Elektromotor, wie VW, Tesla oder Audi ihn in ihren elektronischen Modellen verbauen, hat hingegen einen Wirkungsgrad von mehr als 90 %!

LEDs wandeln etwa 40 - 50 % der elektrischen Leistung in Licht um. Den Rest benötigt die Steuerelektronik für die Stabilisierung des Stromflusses und es wird in Wärme umgewandelt. Bei herkömmlichen Glühlampen, die umgangssprachlichen Glühbirnen, liegt der Wirkungsgrad deutlich darunter, hier werden lediglich 10 - 20 % der Energie in Licht umgewandelt, der Rest wird als Wärme freigesetzt.

Ein Steinkohlekraftwerk, das die Energie aus der Kohle eigentlich einzig in elektrische Energie umwandeln sollte, erzeugt jedoch über 60 % Wärmeenergie, also nur einen Wirkungsgrad von knapp 40 %.

Werden mehrere Prozesse oder Umwandlungen hintereinander durchgeführt, ergibt sich der Gesamtwirkungsgrad durch Multiplikation der einzelnen Wirkungsgrade.

Beispiel: Eine Windkraftanlage kann 50 % der Bewegungsenergie des Windes in Rotationsenergie umwandeln. Anschließend wird die Drehzahl des Rotors mittels eines Getriebes erhöht. Das Getriebe hat einen Wirkungsgrad von 95 %. Der Generator, der schlussendlich die elektrische Energie bereitgestellt, hat einen Wirkungsgrad von 90 %. Der Gesamtwirkungsgrad der Windkraftanlage ergibt sich somit zu

$\eta_{ges} = \eta_1 \cdot \eta_2 \cdot \eta_3 = 0{,}5 \cdot 0{,}95 \cdot 0{,}9 = 0{,}4275$ (entspricht 42,75 %)

Der Wirkungsgrad ist ein wichtiger Aspekt, wenn es um die Entwicklung und Förderung von Technologien geht, denn er steht oft im engen Zusammenhang zur wirtschaftlichen Rentabilität.

Dabei muss jedoch stets auf den Kontext geachtet werden. Sonnen- und Windenergie stehen unbegrenzt und kostenlos zur Verfügung. Deshalb ist der Wirkungsgrad von 20 % bzw. 40 % kein K.-o.-Kriterium für diese Technologie. Gas oder Benzin hingegen sind Rohstoffe, haben daher einen Marktpreis, weshalb man dort möglichst viel Exergie aus den Rohstoffen ziehen muss, um rentabel operieren zu können.

Verbrennen wir Öl im Wert von 100 €, muss dabei mindestens Strom im Wert von 100 € erzeugt werden. Jedes Prozent Wirkungsgradsteigerung geht direkt in die wirtschaftliche Bilanz ein.

Ein weiterer Fauxpas, der sehr häufig von technisch nicht versierten Leuten begangen wird, ist das Durcheinanderbringen von Leistung und Energie. Vor allem beim Thema erneuerbare Energien werden Begrifflichkeiten fehlerhaft verwendet und immer wieder unpassende Größen und Einheiten genannt, sodass sich jeder Ingenieur nur vor Unverständnis an den Kopf fassen kann. Daher wird der Unterschied im Folgenden deutlich erklärt.

2.7 Die Energie

Die Begriffe Energie und Arbeit werden in der Physik für dieselbe physikalische Größe verwendet. Die Energie oder auch die verrichtete Arbeit wird mit E oder W abgekürzt.

Arbeit beschreibt den Vorgang des Umwandelns einer Energieform in eine andere. „Beim Anheben eines schweren Steins wird Arbeit verrichtet". Energie hingegeben bezeichnet die gespeicherte Arbeit innerhalb eines Systems. Der Stein besitzt nach dem Anheben potenzielle Energie. Praktisch und rechnerisch sind die Begriffe gleich zu verwenden. Zur Berechnung werden die gleichen Einheiten und Formeln verwendet.

Anschaulich kann man sich Energie wie das gespeicherte Wasser in einem Tank vorstellen: Es ist eine feste Menge.

Ihre SI-Einheit ist das Joule [J]. $1\,J = 1\,\frac{kg \cdot m^2}{s^2}$.

Alternative Einheiten sind Wattsekunden Ws bzw. Kilo-Wattstunden kWh. Eingebürgerte Einheiten für die Energie sind beispielsweise die Kilo-Kalorien kcal. Mit Kilokalorien geben wir die Energie bzw. diejenige in unserem Essen an.

2.8 Die Leistung

 Die Leistung hingegen ist eine physikalische Größe und bezeichnet die Energie bzw. Arbeit, die in einer bestimmten Zeit umgesetzt bzw. verrichtet wird.

$$P = \frac{\Delta E}{\Delta t}$$

Die Einheit der Leistung ist das Watt, entsprechend Energie pro Zeit. Die Einheit für die Energie ist das Joule, die Einheit der Zeit ist die Sekunde.

Ein Watt entspricht folglich einem Joule pro Sekunde $1\,\frac{J}{s} = 1\,W$.

Auf unserer Stromrechnung wird die Energie in kWh angegeben, also wie viel kW an Leistung für wie viele Stunden genutzt wurden.

Exkurs: Pferdestärken

Eine andere Einheit für die Leistung ist das PS.

Die Einheit PS geht auf James Watt zurück. Die Pferdestärke (englisch Horsepower) beschrieb die durchschnittliche Dauerleistung eines Arbeitspferdes. Dabei ist es unklar, welches Pferd und welche Leistungsmessung als Bezug gewählt wurde. Es gibt viele Annahmen, beispielsweise dass James Watt ein Grubenpferd als Maßstab nahm. Das Pferd zog über Seile und Umlenkrollen Kohlesäcke aus den Gruben. Dabei wurden die Arbeitszeit, das Gewicht der Kohlesäcke und die angehobene Höhe zur Berechnung verwendet. 1 PS entspricht ungefähr 735 W.

Schlussendlich konnte sich die Pferdestärke lediglich bei Motorenherstellern durchsetzen, in der Physik wird fast ausnahmslos das Watt, ebenfalls nach James Watt benannt, verwendet.

 Ist eine Leistung P über einen Zeitraum t wirksam, so wird eine Energie E mit $\mathbf{E = P \cdot t}$ umgesetzt.

 Physikalisch korrekt müsste es lauten: Es wird die Arbeit $\mathbf{W = P \cdot t}$ verrichtet. Im Rahmen dieses Buches verwenden wir die gängige Formulierung der Energie und verzichten zugunsten des besseren Verständnisses auf diese Formulierung.

 Beispiel: Ein Föhn hat eine Leistungsaufnahme von 2000 W oder 2 kW. Lässt man den Föhn eine Sekunde laufen, verbraucht der Föhn (eigentlich nicht korrekt, da die Energie in bewegte Wärme umgewandelt und nicht „verbraucht" wird) eine Energie von

$$2000\,W \cdot 1\,s = 2000\,Ws = 2\,kJ.$$

Grundlagen Physik

Nach einer halben Stunde hat der Haartrockner 2 kW · 0,5 h = 1 kWh verbraucht, nach einer Stunde sind es 2 kWh und so weiter. Die Leistung bleibt dabei die ganze Zeit über konstant bei 2 kW, die Energie ist von der vergangenen Zeit abhängig.

Möchte man J oder kJ in kWh umrechnen oder andersherum, gilt die Umrechnung:

$$1\,\text{J} = 1\,\text{Ws} = 1\,\text{W} \cdot \frac{1\text{h}}{3600\,\text{s}} = 2{,}8 \cdot 10^{-7}\,\text{kWh} = 0{,}00000028\,\text{kWh}$$

$$1\,\text{kWh} = 3600\,\text{kWs} = 3600\,\text{kJ}$$

Teste dich: Welche Einheiten stimmen, welche sind falsch? Es geht nicht darum, ob die Zahlen stimmen, sondern nur um die Einheiten!

In einer Stunde verbraucht ein Kühlschrank 100 W.
Falsch - Ein Kühlschrank hat eine Leistungsaufnahme von 100 W. In einer Stunde verbraucht er entsprechend 100 W·1 h =0,1 kWh

Deutschland hat einen jährlichen Strombedarf von 550 TWh.
Richtig – der Energiebedarf wird in TWh angegeben.

Der maximale Bedarf an elektrischer Leistung in Deutschland beträgt circa 80 GWh.
Falsch – Die Leistung wird in W angegeben. Richtig wäre 80 GW.

Ein Tesla Model 3 hat eine Motorleistungsabgabe von 360 kW und eine Batteriekapazität von 75 kWh.

Beides richtig – Die Leistung wird in W angegeben (360 kW entspricht circa 490 PS), die Energie, welche die Batterie speichert in kWh. (Der Begriff Batteriekapazität ist physikalisch nicht korrekt, da die Kapazität ein anderes Maß angibt. Umgangssprachlich wird damit die gespeicherte Energiemenge gemeint).

100 g Brot enthält eine Energie von circa 1 MJ.
Richtig – auch wenn die Einheit Joule für Lebensmittel ungewöhnlich ist, handelt es sich um eine Energieform. 1 MJ entspricht ungefähr 240 Kilokalorien.

Herbert verbraucht beim Fahrradfahren 150 W. Wie viel Energie verbraucht er in zwei Stunden Fahrradfahren? Wie viel kcal sind das? (1 kWh = 860 kcal)

Die Energie ergibt sich aus der Leistung mal der wirksamen Zeit. Daher insgesamt 300 Wh = 0,3 kWh. Das entspricht 258 kcal. Durch Verluste beim Umwandeln verbrennt Herbert in der Praxis jedoch deutlich mehr als 258 kcal.

Ein trainierter, junger Mann kann eine Dauerleistung von circa 100 W aufbringen. Wir erinnern uns, dass ein Grubenpferd ein PS, was circa 735 W entspricht, aufbringen kann.

3 Vom Wassermodell zum Stromkreis

Wenn man neu in das Thema Elektrotechnik einsteigt, sind viele der verwendeten Begriffe abstrakt und schwer vorstellbar. Es bedarf Zeit und Übung, die Begrifflichkeiten zu definieren und richtig einzuordnen. Zum einfacheren Einprägen der Begriffe bedienen wir uns dafür eines Modells.

💡 Ein Modell ist eine Vereinfachung der Wirklichkeit und versucht, neue, komplexe Sachverhalte auf bereits Bekanntes abzubilden.

In unserem Fall kann man durch viele Analogien die Thematik Stromkreislauf auf einen bekannten Wasserkreislauf übertragen. Jeder Komponente im Wasserkreislauf wird eine entsprechende Komponente aus dem Stromkreislauf gegenübergestellt:

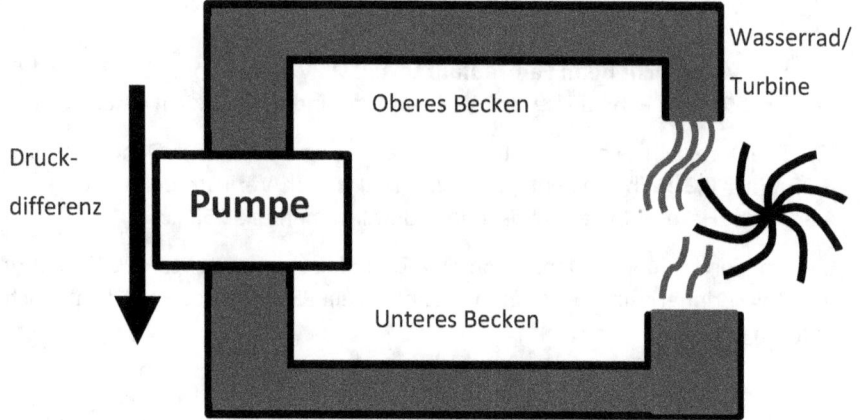

Abbildung 7 Wasserkreislauf

Ein Wasserkreislauf besteht vereinfacht aus zwei Wasserbecken, einer Wasserpumpe, Rohren, die das Wasser transportieren und einem Verbraucher, beispielsweise einer Turbine, einem Wasserrad oder ähnlichem.

Ein Wasserbecken ist höher gelegen als das andere. Die Pumpe pumpt ständig Wasser nach oben. Dadurch hat das Wasser im oberen Becken eine größere, potenzielle Energie. Es herrscht ein Druckunterschied zwischen dem oberen und dem unteren Becken.

Das Wasser läuft durch die Rohre und über den Verbraucher zurück ins untere Becken. Der Verbraucher wird durch das sich bewegende Wasser angetrieben. Das Wasser überträgt somit die Energie der Pumpe zum Verbraucher. Wir suchen für jedes Element im Wasserkreislauf ein entsprechendes Element im Stromkreislauf.

Beginnen wir mit unseren Rohren, durch die das Wasser fließt. Im Stromkreislauf sind das bei uns die Kabel bzw. Leitungen, durch die der Strom fließt. Das Wasser im Wasserkreislauf entspricht unserem Strom, der aus bewegten Elektronen besteht. Aber wie ist ein Leiter überhaupt aufgebaut und wie können sich die Elektronen darin bewegen? Dazu schauen wir uns das Material einmal sehr genau an.

3.1 Atome, Elektronen, Protonen

Um verschiedene Effekte der Elektrotechnik verstehen zu können, werfen wir zunächst einen Blick auf die Grundbausteine der Physik– die Atome. Jedes Material besteht auf der kleinsten Ebene aus Atomen. Ein Atom besteht aus positiv geladenen Teilchen, den Protonen, Teilchen ohne Ladung, den Neutronen und negativ geladenen Teilchen, den Elektronen.

 Das Formelzeichen der Ladung ist Q und die Einheit der Ladung ist das Coulomb C. In SI-Einheiten $1\,C = 1\,A \cdot 1\,s = As$. Die Ladung wird also in C oder As angegeben.

Die Elementarteilchen (Protonen und Elektronen) haben beide die kleinstmögliche Ladung, die physikalisch möglich ist. Diese wird als Elementarladung bezeichnet und mit e abgekürzt, nicht zu verwechseln mit der Eulerschen Zahl, die ebenfalls mit e abgekürzt wird. Das ist verwirrend, jedoch kann man meistens aus dem Zusammenhang erkennen, um welche Abkürzungen es sich handelt.

 Die Elementarladung hat den Wert von $e = 1{,}602 \cdot 10^{-19}$ Coulomb. Ein Elektron hat dabei die Ladung von $Q = -e$ und ein Proton hat eine Ladung von $Q = +e$.

Da die Ladung eines Atoms insgesamt neutral ist, hat es entsprechend gleich viele Elektronen wie Protonen. Die Protonen und Neutronen bilden den Atomkern, während die Elektronen um den Kern rasen. Im Atomkern ist beinahe die komplette Masse des Atoms vereint.

 Jedes Element wie Wasserstoff, Sauerstoff, Kohlenstoff, Eisen oder auch Nickel, Kupfer und Zink haben eine ganz bestimmte, einzigartige Anzahl an Protonen und Elektronen, die das Element zusammenhalten.

Das kleinste und leichteste Element ist Wasserstoff. Es hat die Ordnungszahl eins, das bedeutet, dass es lediglich aus einem einzelnen Proton und einem Elektron besteht. Neutronen besitzt es keine. Eisen hingegen hat die Ordnungszahl 26 – besteht demzufolge aus 26 Protonen. Außerdem sind im Kern noch 30 Neutronen vorhanden, sodass das Eisenatom circa 56-mal so massereich ist wie der Kern eines Wasserstoffatoms.

Ein Molekül wie beispielsweise Kohlenstoffdioxid entsteht wiederum, wenn sich mehrere, einzelne Atome verbinden, hier ein Kohlenstoffatom mit zwei Sauerstoffmolekülen zu CO_2. Daher auch der Name Kohlenstoff – Di (zwei) Oxid (Oxid

– Sauerstoffverbindung). Moleküle können durch verschiedene Reaktionen auch unter normalen Bedingungen entstehen. Beispielsweise ist das Rosten von Metall eine Reaktion von Eisen Fe und Sauerstoff O zu Eisenoxid Fe_2O_3 - der roten Rostschicht. Diese grundlegende Funktionsweise, dass sich Elemente durch äußere Einflüsse mit anderen Elementen verbinden und dabei Energie aufnehmen oder abgeben, ist essenziell für unser Leben und wird auch noch häufiger von Bedeutung sein.

 Geht man noch näher auf den Aufbau eines Atoms ein, sieht man, dass die Elektronen nicht wahllos um den Atomkern rasen, sondern auf definierten Bahnen, sogenannten Orbitalen, unterwegs sind.

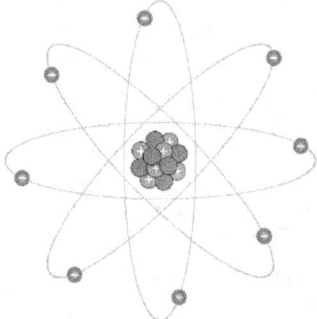

Abbildung 8 Aufbau eines Atommodells

Diese werden als Schalen bezeichnet, die unterschiedlich viele Elektronen aufnehmen können. Auf die innerste Schale (K-Schale), die nahe am Kern liegt, passen lediglich zwei Elektronen; auf die zweite (L-Schale) passen ganze acht Elektronen, auf die dritte (M-Schale) bis zu 18 Elektronen und so weiter. Insgesamt gibt es bis zu sieben Schalen, abhängig davon, wie viele Protonen und damit auch wie viele Elektronen ein Atom besitzt.

Besitzt ein Atom lediglich zwei Elektronen, ist nur die erste Schale gefüllt. Besitzt es elf Elektronen, ist die erste und die zweite Schalte komplett gefüllt, und in der dritten Schale befindet sich ein einzelnes Elektron.

3.2 Wann leitet ein Material Strom?

Strom besteht aus nichts anderem als aus bewegten Ladungsträgern. Ein Material ist also gut leitfähig, wenn sich die Ladungsträger leicht bewegen können. Da die Protonen fest im Kern sind, bleiben nur noch die Elektronen, die sich frei bewegen können, jedoch werden sie vom positiven Kern angezogen. Da die Elektronen auf den äußeren Schalen nicht so stark angezogen werden, können sie sich leichter vom Atomkern lösen.

Die Elektronen auf den äußeren Schalen haben somit für die Leitfähigkeit eines Stoffes eine große Bedeutung.

Die Elektronen, die auf der äußersten Schale liegen, nennt man auch Valenzelektronen. Metalle wie Eisen, Kupfer oder Aluminium bilden dabei eine besondere Gitterstruktur, in der sich die Valenzelektronen frei bewegen können.

 In Metallen schwirren die Valenzelektronen wie ein homogenes Gas im Gitter herum, man spricht auch von einer Elektronenwolke bzw. Elektronengas im Metall.

Nicht leitfähige Materialien, wie z.B. die meisten Kunststoffe, bilden kein Gitter aus und behalten ihre Valenzelektronen bei sich. Dadurch können keine Elektronen durch das Material fließen.

 Was wir allgemein als Strom kennen, ist nichts anderes als die Bewegung der Valenzelektronen von A nach B. Ein Stromfluss besteht aus bewegten Ladungsträgern.

Kommen wir auf unser Wassermodell zurück. Die Valenzelektronen sind frei beweglich und entsprechen daher dem Wasser im Wasserkreislauf. Diese übertragen Ladungen bzw. die Energie im Kreislauf. Als Nächstes kommen wir zum Druckunterschied zwischen den Becken. Dieser wird durch die Schwerkraft ausgelöst, mathematisch gesprochen durch das Gravitationsfeld der Erde. Analog dazu finden wir im Stromkreis das elektrische Feld.

4 Das elektrische Feld

Zunächst wollen wir klären, welche Eigenschaften das Gravitationsfeld der Erde hat. Es sorgt dafür, dass alles auf diesem Planeten eine Anziehung zum Mittelpunkt der Erde erfährt. Das Prinzip dahinter ist, dass sich Massen anziehen. Je größer die Massen und je näher die Massen aneinander sind, umso stärker ist die Anziehungskraft.

In unserem Wasserkreislauf bedeutet das, dass das Wasser die Turbine antreiben kann, weil es durch die Pumpe hochgepumpt wurde, also entgegen der Schwerkraft, bzw. dem Gravitationsfeld der Erde, angehoben wurde. Physikalisch gesprochen hat man Arbeit aufgewendet bzw. dem Wasser potenzielle Energie zugeführt. Dadurch ist eine Druckdifferenz entstanden. Fließt das Wasser in den Leitungen hinunter, wird der Druck am Verbraucher (der Turbine) umgewandelt.

Analog dazu gibt es in der Elektrotechnik elektrische und magnetische Felder, die den Elektronen Potenziale zuordnen. Aber was ist überhaupt ein Feld, wie kann man es sich vorstellen?

4.1 Darstellung von E-Feldern

Zunächst hat jedes Feld eine Ursache.

 Beim elektrischen Feld oder einfach E-Feld ist die Ursache geladene Teilchen. Um geladene Teilchen bilden sich elektrische Felder.

Eine Ansammlung positiver Ladung nennt man einen Pluspol, eine Ansammlung von negativen Ladungsträgern entsprechend einen Minuspol.

Um das Feld darstellen zu können, zeichnet man Feldlinien ein, die an der Ursache ansetzen.

 Feldlinien zeigen stets von einer positiven Ladung weg und zu einer negativen Ladung hin. Die Dichte der Feldlinien gibt dabei die Stärke des Feldes an.

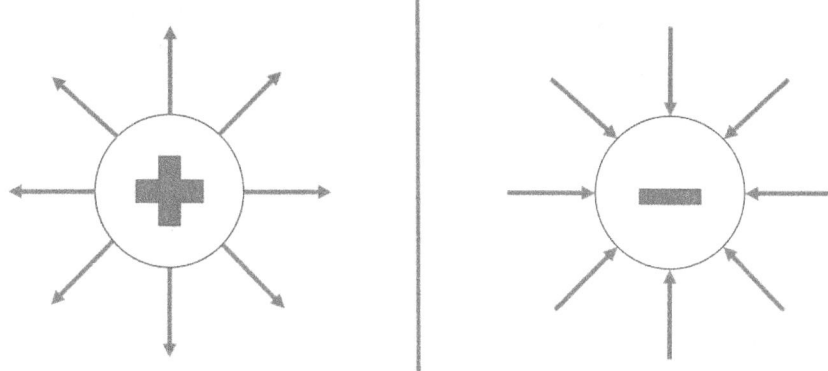

Abbildung 9 Feldlinien einer Punktladung

Die Abbildung zeigt, dass die Feldlinien (hellblaue Pfeile) an dem die Punktladung darstellenden Kreis deutlich näher beieinander liegen (dichter sind) als von ihm entfernt. Das bedeutet, dass das Feld dort entsprechend stärker ist.

Treffen mehrere Ladungsträger aufeinander, so entstehen verschiedenste Feldlinienverläufe.

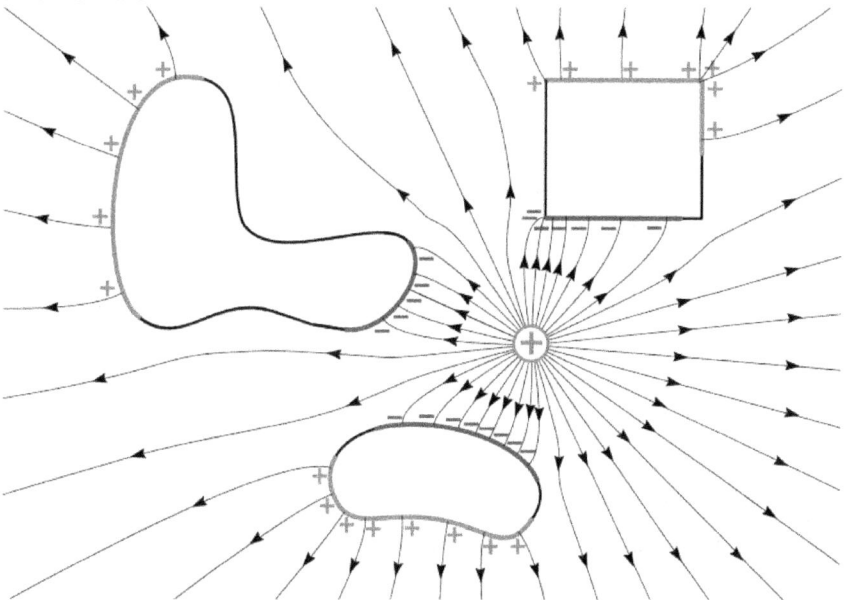

Abbildung 10 Elektrische Feldlinien

Die Feldlinien sind durcheinander und folgen scheinbar keiner Ordnung.

Das elektrische Feld

Sind die Feldlinien hingegen parallel, spricht man von einem homogenen Feld. Das Feld hat an jeder Stelle denselben Wert. Das ist beispielsweise der Fall, wenn wir zwei plane, gegenüberliegenden Metallplatten haben, auf die Ladungsträger gesetzt werden.

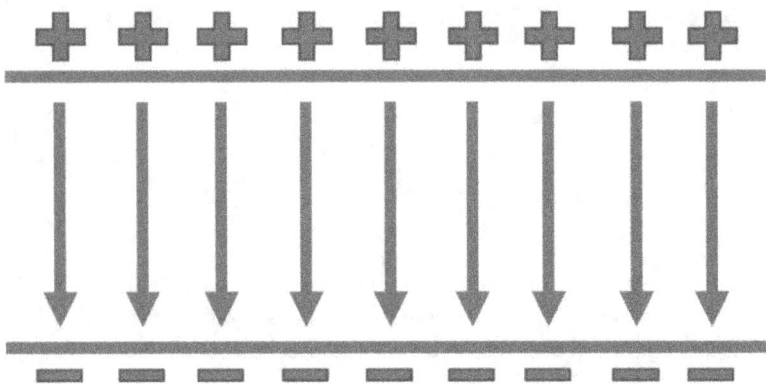

Abbildung 11 Homogenes, elektrisches Feld

4.2 Die Kraft im elektrischen Feld

Setzen wir in Gedanken eine Probeladung, beispielsweise ein Proton, in das Feld, so wird es vom positiven Pol abgestoßen und vom negativen Pol angezogen. Das Teilchen erfährt also eine Kraft entlang der Feldlinien. Anhand dieser Gegebenheit kann man die Definition der elektrischen Feldstärke E ableiten. Diese ist definiert als die Kraft F, die das Feld auf eine Probeladung Q ausübt.

$$E = \frac{F}{Q}$$

Oft findet man das Feld auch in der Vektorschreibweise $\vec{E}$, das liegt daran, dass das Feld auf das Teilchen nicht nur eine Kraft ausübt, sondern die Kraft auch eine Richtung im Raum besitzt.

 Bei der Rechnung ist immer von der elektrischen Feldstärke die Rede. Im Umgangssprachlichen wird auch nur „elektrisches Feld" verwendet. Streng genommen ist das nicht korrekt, da das „Feld" nur die räumliche Verteilung beschreibt, jedoch nicht ihre Stärke.

Die Einheit der elektrischen Feldstärke ergibt sich entsprechend zu

$[E] = \frac{N}{C} = \frac{kg \cdot m}{As^3}$ eine andere Einheit für die Stärke des elektrischen Feldes ist Volt pro Meter $\frac{V}{m}$.

Zusammenfassung Elektrisches Feld:

 Überall, wo elektrische Ladungen vorhanden sind, bildet sich ein elektrisches Feld aus.

 Zur Darstellung zeichnet man Feldlinien, die von positiven Ladungen weg und zu negativen Ladungen hin verlaufen. Die Dichte der Feldlinien entspricht der Stärke des Feldes.

 Das elektrische Feld übt eine Kraft auf eine Probeladung aus.

Welche Kraft erfährt ein einzelnes Proton mit einer Ladung $Q = 1,602 \cdot 10^{-19}$ C in einem E-Feld mit? $E = 3 \cdot 10^9 \frac{N}{C}$

Lösung:

$$E = \frac{F}{Q}; \; F = E \cdot Q = 3 \cdot 10^9 \, \frac{N}{C} \cdot 1,602 \cdot 10^{-19} \, C = 4,8 \cdot 10^{-10} \, N$$

$$= 480 \text{ pN(Pikonewton)}$$

Welche Kraft erfährt ein Elektron im selben E-Feld? Worin liegt der Unterschied?

Lösung: Ein Proton hat die gleiche Ladung wie ein Elektron, jedoch ein anderes Vorzeichen. Daher ist die Kraft beim Elektron gleich, jedoch mit negativem Vorzeichen (-480 pN). Anschaulich wird das Proton in die andere Richtung beschleunigt.

Exkurs Äquipotenziallinien:

In tiefgehender Literatur werden auch oft Äquipotenziallinien genannt. Diese stehen senkrecht zu den elektrischen Feldlinien.

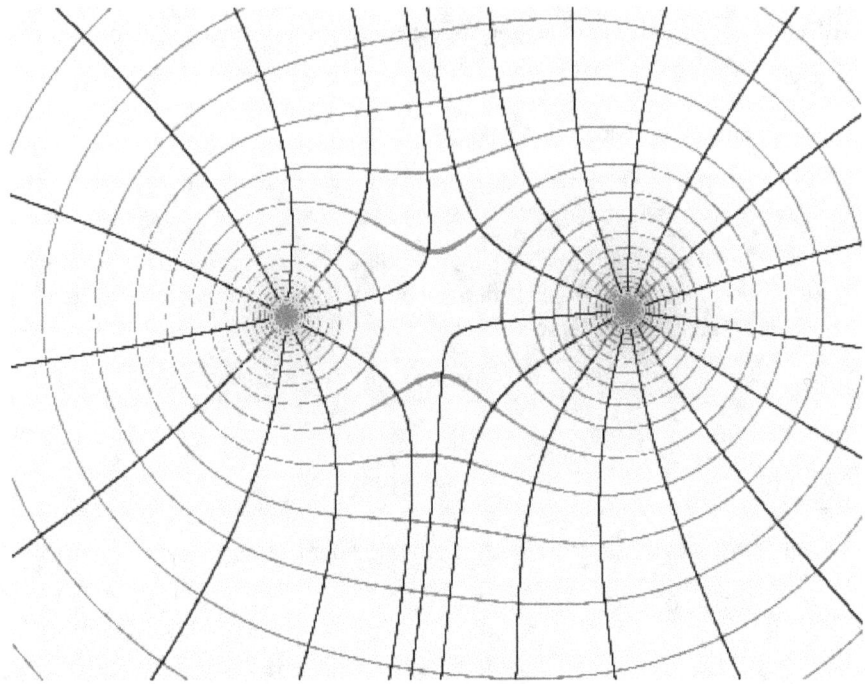

Abbildung 12 Äquipotenziallinien

Die dunklen Linien sind die Feldlinien der Punktladungen. Die Ellipsen stellen die Äquipotenziallinien dar. An den Kreuzungspunkten stehen Äquipotenzial und E-Feldlinien senkrecht aufeinander. An jeder Stelle herrscht jeweils dasselbe elektrische Potenzial. Um die Bedeutung der Äquipotenziallinien zu verstehen, lernen wir zunächst das elektrische Potenzial und die Spannung U kennen.

4.3 Das elektrische Potenzial und die Spannung U

Das elektrische Potenzial, auch elektrostatisches Potenzial genannt, wird mit φ (griechischer Kleinbuchstabe Phi) abgekürzt. Es hat die Einheit Volt V.

 Das elektrische Potenzial beschreibt die potenzielle Energie einer Probeladung innerhalb eines elektrischen Feldes. Das elektrische Feld ordnet jedem Punkt im Raum ein Potenzial zu.

Analog zum Wasserkreislauf ist es der absolute Druck, den das Wasser besitzt und durch die Höhe ausübt. Der Druck, den das Wasserbecken in einer bestimmten Höhe ausübt, wird durch das Gravitationsfeld der Erde bestimmt. Als vereinfachtes Beispiel hat das obere Becken einen Schweredruck von einem Bar und das untere Becken einen Druck von null Bar.

Jedoch kommt es beim Wasserkreislauf nicht auf die absoluten Drucke an, sondern nur auf den relativen Druck, also den Druckunterschied zwischen dem unteren und dem oberen Wasserbecken.

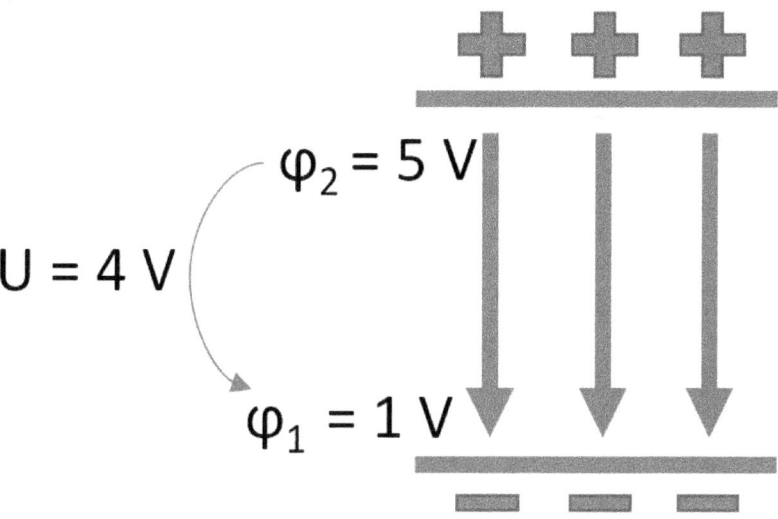

Abbildung 13 Potenziale und Spannung im homogenen E-Feld

Die Differenz zweier Potenziale $\varphi_2 - \varphi_1$ nennt man die Spannung U. Die Spannung hat ebenfalls die Einheit Volt V.

 Bei einer Spannung ist immer darauf zu achten, dass sie lediglich eine Potenzialdifferenz angibt. Daher benötigt man immer ein Bezugspotenzial.

Aber was genau ist jetzt unsere Pumpe? Die Pumpe im Wasserkreislauf entspricht einer Spannungsquelle im Stromkreislauf. Eine Spannungsquelle ist beispielsweise eine Batterie. Eine Standard-AA-Batterie hat eine Spannung von 1,5 V. Das bedeutet, dass der Pluspol, also der obere Kontaktpunkt der Batterie, ein um 1,5 V höheres elektrischen Potenzial als der Minuspol besitzt.

Das Schaltsymbol einer Spannungsquelle ist ein Kreis mit durchgezogenem Strich. Jede Spannungsquelle besteht aus einem Plus- sowie einem Minuspol. Eine ideale Spannungsquelle erzeugt eine Spannung unabhängig von der angelegten Last. In der Realität ist das nur näherungsweise möglich.

In elektrischen Schaltungen wählt man meistens das geringste Potenzial und legt es als Bezugspotenzial fest. Dadurch hat dieses das Potenzial von φ = 0 V, und alle anderen Potenziale werden im Verhältnis zu diesem Potenzial angegeben.

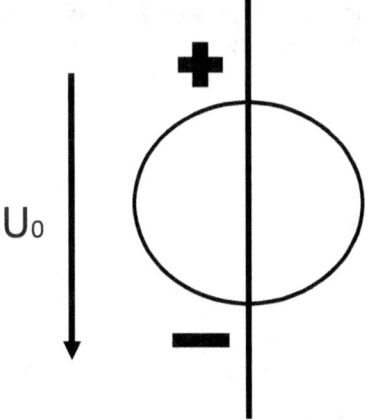

Abbildung 14 Schaltsymbol einer Spannungsquelle

 In der Elektrotechnik sind fast ausnahmslos Spannungen relevant. Potenziale werden kaum betrachtet, da Strom nur bei einer Potenzialdifferenz fließen kann.

4.4 Die Stromstärke I

Wir haben bereits kennengelernt, dass das Wasser im Wasserkreislauf unseren Elektronen entspricht. Aber im Alltag ist immer von Strömen die Rede, also von bewegten Elektronen. Ein Maß für die Stärke des Elektronenflusses ist daher die Stromstärke, abgekürzt mit dem Formelzeichen I. Ihre Einheit ist das Ampere A. Da der Strom den Durchfluss der Elektronen angibt, und jedes Elektron eine Ladung besitzt, gibt der Strom an, wie viel Ladung pro Zeit übertragen wird.

$I = \frac{Q}{t}$ die Einheit Ampere ist entsprechend $1\,A = 1\,\frac{C}{s}$

 Wie groß ist der elektrische Strom, wenn in einem Leiter pro Sekunde eine Billiarde (Elektronen10^{15}) mit jeweils einer Ladung von $e = 1{,}602 \cdot 10^{-19}\,C$ fließen?

Lösung: Zunächst berechnen wir die Ladung. Die gesamte Ladung entsteht durch die Ladung eines Elektrons mal der Anzahl der Elektronen.

$Q = n \cdot e = 10^{15} \cdot 1{,}602 \cdot 10^{-19}\,C = 1{,}602 \cdot 10^{-4}\,C = 160{,}2\,\mu C$

Anschließend schauen wir, in welcher Zeit diese Ladung geflossen ist.

$I = \frac{Q}{t} = 160{,}2\,\frac{\mu C}{1s} = 160{,}2\,\mu A$

Stromquellen

Analog zu Spannungsquellen gibt es auch Stromquellen. Diese erzeugen keine Potenzialdifferenz, sondern einen konstanten Strom I, unabhängig von der anliegenden Spannung U. Im Wasserkreislauf können wir uns eine Stromquelle als eine Pumpe vorstellen, die immer eine konstante Menge an Wasserfluss erzeugt, das Wasser also nur antreibt, dabei aber nicht anhebt oder den Druck erhöht.

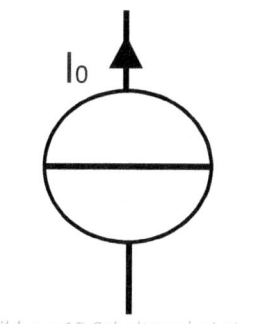

Abbildung 15 Schaltsymbol einer Stromquelle

4.5 Technische und physikalische Stromrichtung

In der Elektrotechnik sowie allen anderen Ingenieurwissenschaften verwendet man die technische Stromrichtung, aber was bedeutet das genau?

Fangen wir zunächst einmal mit der physikalischen Stromrichtung an. Wir wissen, dass Elektronen negative Ladungsträger sind, die den Stromfluss bilden. Daher fließt der Strom von dort, wo mehr Elektronen sind, dahin, wo weniger Elektronen sind. Da Elektronen negativ geladen sind, fließt der Strom vom Minuspol zum Pluspol. Das ist die „physikalische" Stromrichtung bzw. die Stromrichtung der Elektronen.

 Der Begriff „physikalische Stromrichtung" ist etwas irreführend, da in der Physik meistens ebenfalls mit der technischen Stromrichtung gerechnet wird. Die „physikalische Stromrichtung" entspricht lediglich der Bewegungsrichtung der Elektronen, nicht der Richtung, die tatsächlich in der Elektrotechnik verwendet wird.

Der Strom und seine Eigenschaften wurden jedoch entdeckt, bevor man genau wusste, ob die positiven oder negativen Ladungsträger für den Stromfluss verantwortlich sind. Fälschlicherweise wurde angenommen, dass die positiven Ladungsträger, also die Protonen, den Stromfluss bilden. In dieser Modellvorstellung fließt der Strom also vom positiven zum negativen Pol. Bis heute wurde diese Notation beibehalten. An den Berechnungen, den Effekten etc. ändert sich dabei nichts. Es ist nur gut zu wissen, dass der Stromfluss in der Realität anders verläuft, als wir ihn einzeichnen.

 Die technische Stromrichtung wird in allen Schaltplänen, Zeichnungen und Stromkreisläufen verwendet.

Um nicht ganz durcheinander zu kommen, merken wir uns:

 Der Strom fließt im technischen Stromkreis immer vom Pluspol zum Minuspol!

Das elektrische Feld

5 Das magnetische Feld

Ebenso wie das Gravitationsfeld ist das magnetische Feld aus unserem Alltag bekannt. Jeder kennt Magnete, beispielsweise zum Anbringen von Notizen an einer Pinnwand. Da diese Magnete dauerhaft magnetisch sind, werden sie auch Permanentmagnete genannt.

Es gibt viele Gemeinsamkeiten und Analogien von magnetischem und elektrischem Feld. Am Ende des Kapitels stellen wir daher nochmal das magnetische und das elektrische Feld gegenüber.

Die magnetische Feldstärke hat das Formelzeichen H, da es genau wie das elektrische Feld auch eine Richtung besitzt, wird es oft auch $\vec{H}$ beschrieben. Die Einheit des magnetischen Feldes ist $\frac{A}{m}$.

Oft wird nicht das absolute magnetische Feld benötigt, sondern die magnetische Flussdichte $\vec{B}$. Sie gibt an, wie stark der magnetische Fluss im magnetischen Feld ist. Sie gibt auch an, welche Kraft auf eine Probeladung wirkt.

Uns interessiert nicht das komplette magnetische Feld eines Körpers, sondern lediglich die „Auswirkungen", und das wird durch die Flussdichte beschrieben.

Man kann sich das magnetische Feld wie einen Wasserfall vorstellen. Dabei interessiert uns nicht das komplette Ausmaß und die Größe des Wasserfalls, sondern lediglich die Flussdichte des herunterfallenden Wassers.

Die magnetische Feldstärke $\vec{H}$ ist in der Technik weniger von Bedeutung. Es wird fast ausnahmslos mit der Flussdichte $\vec{B}$ gerechnet.

Man spricht daher im Allgemeinen als Abkürzung für das magnetische Feld von einem B-Feld (analog zum E-Feld - das elektrische Feld).

Die Einheit der magnetischen Flussdichte ist das Tesla T, oder auch Newton pro Ampere und pro Meter. $1\,T = 1\,\frac{N}{A \cdot m}$

Die magnetische Flussdichte und das magnetische Feld hängen direkt über die **Permeabilität μ** zusammen. μ wird daher auch oft magnetische Leitfähigkeit genannt.

$$\vec{B} = \mu_0 \mu_r \cdot \vec{H}$$

μ_0 = Permaebilität im Vakuum = $1{,}257 \cdot 10^{-6} \dfrac{Vs}{Am}$

μ_r = Stoffabhängige Permeabilität

Gängige Permeabilitäten μ_r sind beispielsweise Eisen oder Ferrit mit μ_r zu 15.000.

Nachdem wir die physikalischen Größen kennengelernt haben, kommen wir nun zur Ursache eines B-Felds. Ein elektrisches Feld entsteht, wenn geladene Teilchen einen Plus- und einen Minuspol bilden.

Die Ursache des magnetischen Felds in einem Permanentmagneten sind nicht geladene Teilchen, sondern sogenannte Elementarmagneten.

5.1 Elementarmagneten

Hierbei handelt es sich wieder um ein physikalisches Modell. Jedes Element besteht aus unzähligen kleinen Elementarmagneten. Diese Elementarmagneten kann man nicht auseinanderbrechen, da sie eine kleinste Einheit darstellen. Sie bestehen genau wie ein „großer" Magnet aus einem Nord- und einem Südpol. Gleiche Pole stoßen sich dabei ab, unterschiedliche ziehen sich an.

In den meisten Materialien sind diese Elementarmagneten ohne System angeordnet. Die jeweiligen Pole neutralisieren sich und das Material ist nicht magnetisch.

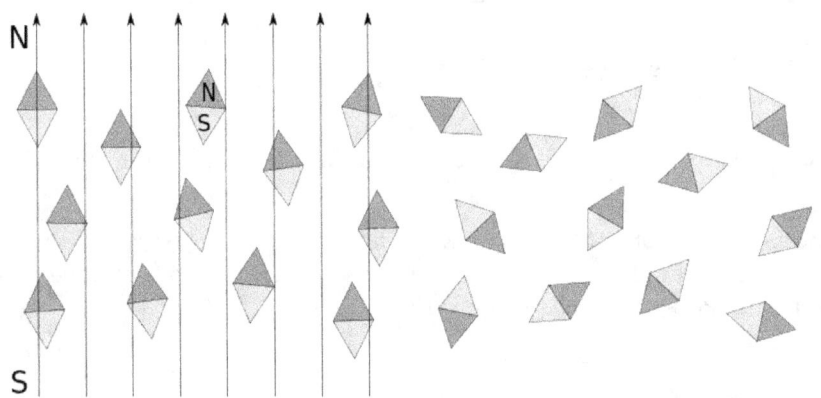

Abbildung 16 Elementarmagneten

Bei magnetischen Materialien ist das anders. Dort sind alle Elementarmagneten ausgerichtet. Dadurch entstehen ein Nord- und ein Südpol: Das Material ist magnetisch. Die bekanntesten Magneten sind Neodymmagneten. Diese werden aus dem Element Neodym (Nd), das zu den seltenen Erden gehört, Eisen und Bor hergestellt. Neodymmagneten werden durch ihre extreme Stärke in vielen Bereichen eingesetzt, beispielsweise in Asynchron-Generatoren von Windkraftanlagen oder in den Antrieben von Elektroautos.

Materialien magnetisieren

Vielleicht ist es bekannt, dass man bestimmte, nichtmagnetische Metalle mit Hilfe eines Permanentmagneten magnetisieren kann. Streift man mehrere Male mit einem Permanentmagneten an dem Metall entlang, wird es nach und nach leicht magnetisch. Dabei richtet der Permanentmagnet die Elementarmagneten im Metall in eine Richtung aus. Mit der Zeit ordnen sich die Elementarmagneten an und bleiben in ihrer Position erhalten. Es entsteht ein Nord- und Südpol und das Metall ist magnetisiert.

5.2 Darstellen von Magnetfeldern

Genau wie beim elektrischen Feld wird das magnetische Feld durch Feldlinien dargestellt.

 Magnetische Feldlinien sind anders als elektrische Feldlinien immer in sich geschlossen, besitzen dabei also keinen Anfangs- und Endpunkt.

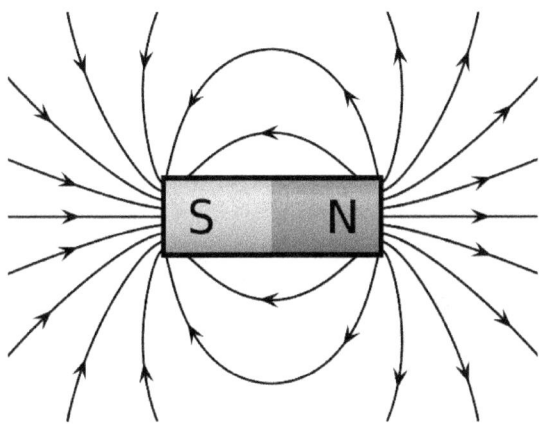

Abbildung 17 Magnetfeldlinien eines Permanentmagneten

Die Abbildung zeigt Magnetlinien eines Permanentmagneten. Aber diese sind nicht in sich geschlossen, oder?

Doch, sie sind geschlossen, denn die Magnetfeldlinien verlaufen innerhalb des Magneten weiter vom Süd- zum Nordpol, sodass sich ein geschlossener Kreis bildet. Uns interessieren dabei nur die äußeren Feldlinien, deshalb sind auf vielen Abbildungen nur die äußeren Magnetfeldlinien eingezeichnet.

Die Magnetfeldlinien können wir als Pfeil von einem zum anderen Pol einzeichnen, wissend, dass die Feldlinien im Inneren des Magneten weiterlaufen. Für die äußeren Magnetfeldlinien gilt dann, dass der Anfangspunkt immer der Nordpol und der Endpunkt der Südpol ist.

 Als Merkspruch für das Einzeichnen der Feldlinien hilft: *„Von **Nord** geht der Pfeil **fort**."*

Das magnetische Feld

Die Dichte der Magnetfeldlinien gibt, wie in jedem Feld, die Stärke des magnetischen Feldes an und ist daher ein Maß für die Flussdichte $\vec{B}$.

Ein B-Feld ist dreidimensional im Raum verteilt. Beim Zeichnen auf eine zweidimensionale Ebene, beispielsweise auf ein Blatt Papier, hat sich eine Konvention durchgesetzt. Ein Magnetfeld, das in die Zeichenebene hineinzeigt, wird durch ein Kreuz gekennzeichnet. Zeigt es aus der Zeichenebene heraus, wird es durch einen Punkt gekennzeichnet.

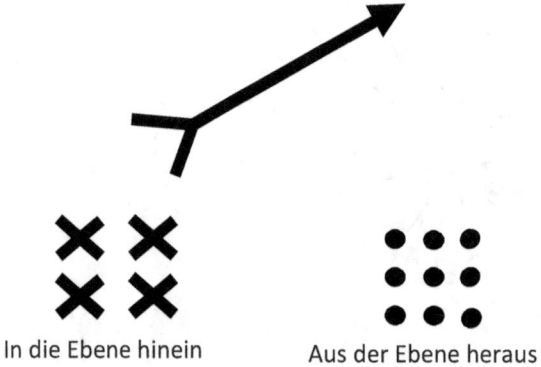

Abbildung 18 Darstellung von Feldlinien

Merken kann man sich diese Definition durch einen Indianerpfeil. Schießt man den Pfeil in die Ebene hinein, sieht man den Schweif, der zweidimensional ein Kreuz darstellt. Fliegt der Pfeil auf uns zu, sehen wir nur die Spitze, also einen Punkt.

5.3 Elektromagnetismus

Statische magnetische Felder, wie das eines Permanentmagneten, sind anschaulich und bekannt. Deutlich komplexer zu verstehen sind Magnetfelder, die durch Elektrizität erzeugt werden, beispielsweise bei einem Elektromotor.

Der Elektromagnetismus ist einer der wichtigsten Effekte in unserer heutigen Zeit und fast überall wiederzufinden. Im Elektroauto, bei der Datenübertragung, der Hochspannungsübertragung unseres Stromnetzes und in jedem Netzteil von PC, Laptop oder Smartphone spielt der Elektromagnetismus eine Rolle.

Um den Effekt zu verstehen, gehen wir in der Zeit ein wenig zurück. Im Jahr 1820 experimentierte der Physiker Hans Christian Ørsted mit einem Stück Draht, durch den er Strom fließen ließ. Dabei bemerkte er, dass ein Kompass, der sich in der Nähe befand, jeweils beim Anlegen der Spannung ausschlug. Die magnetische Nadel zeigte nicht mehr nach Norden, sondern wurde vom stromdurchflossenen Draht abgelenkt. Diese Erkenntnis machte schnell seine Runde und andere Physiker, wie André-Marie Ampéré, nach dem die Stromstärke benannt wurde, konnten den Versuch bestätigen.

Damit war bewiesen, dass ein elektrischer Strom ein Magnetfeld erzeugt.

 Ein stromdurchflossener Leiter erzeugt ein magnetisches Feld.

Aber wie verlaufen dabei die Feldlinien des magnetischen Feldes?

Nach einigen Untersuchungen fand man heraus, dass sich das entstehende B-Feld konzentrisch um den stromdurchflossenen Leiter aufbaut.

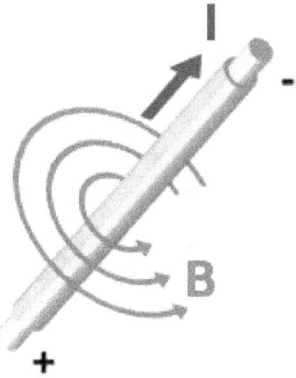

Abbildung 19 Magnetfeld eines stromdurchflossenen Leiters

Die Richtung des B-Felds kann dabei mit der Rechten-Hand-Regel ermittelt werden. Dabei ballt man mit der rechten Hand eine Faust und zeigt mit dem Daumen nach oben. Dieser zeigt die Flussrichtung des Stroms an (in technischer Stromrichtung, also von Plus- zu Minuspol). Die vier Finger zeigen die Umlaufrichtung des B-Feldes an.

5.4 Induktionsgesetz

In der Physik sind die meisten Effekte in beide Richtungen gültig. Durch einen Stromfluss im Leiter wird ein magnetisches Feld erzeugt.

Das magnetische Feld

Im Umkehrschluss erzeugt ein extern angelegtes, magnetisches Feld einen Stromfluss in einem Leiter. Diese Umkehrung wird als Induktionsgesetz beschrieben. Der Vorgang der elektromagnetischen Induktion bedeutet, dass durch ein äußeres, sich änderndes Magnetfeld ein Strom bzw. eine Spannung in einem Leiter erzeugt wird.

Herleitung der Induktion

Dazu lernen wir eine neue Größe kennen: Wir kennen bereits das magnetische Feld und die magnetische Flussdichte. Als dritte bedeutsame Größe wird der magnetische Fluss Φ (griechischer Buchstabe großes Phi) behandelt.

Vergleichbar ist der magnetische Fluss mit einem Wasserfall. Wir nehmen eine Fläche und halten sie in den Wasserfall. Dabei betrachten wir, wie viel Wasser durch die Fläche hindurchfließt.

Die Menge, die durch die Fläche strömt, entspricht dem magnetischen Fluss. Wir erhalten den magnetischen Fluss, indem wir die Flussdichte mit der durchflossenen Fläche multiplizieren.

$$\Phi = \vec{B} \cdot \vec{A}$$

Dieser Zusammenhang gilt nur für homogene, magnetische Felder, im Rahmen dieses Buches beschränken wir uns jedoch auf diesen „Spezialfall".

Die Einheit des magnetischen Flusses ergibt sich aus Tesla mal Quadratmeter Tm^2 oder Weber Wb ($1\ \mathbf{Wb} = 1\ \mathbf{Tm^2}$).

Wir haben ein homogenes, magnetisches Feld mit der Flussdichte von $B = 200$ mT. Wir betrachten eine quadratische Fläche mit 10 cm Kantenlänge. Wie groß ist der magnetische Fluss?

Lösung: $0{,}2\ T \cdot 0{,}1\ m \cdot 0{,}1\ m = 2$ mWb

5.5 Magnetische Fluss und Induktion

Das Induktionsgesetz besagt, dass die an einem Leiter induzierte Spannung abhängig von der zeitlichen Änderung des magnetischen Flusses ist. Die zeitliche Änderung wird durch das Differenzial beschrieben

$$U_{ind} = -\frac{d(B \cdot A)}{dt}$$

Praktisch bedeutet das, dass an einem Leiter eine Spannung induziert wird, wenn:

1. sich der magnetische Fluss B zeitlich ändert. Das kann unter anderem sein, wenn man einen Elektromagneten mit mehr Energie versorgt und dadurch das Feld größer wird,

2. wenn sich die Fläche A ändert, die vom Magnetfeld durchsetzt wird. Das kann beispielsweise sein, wenn man die Fläche aus dem B-Feld herauszieht oder eintaucht.

Der zweite Effekt wird beispielsweise bei dem vom Fahrrad bekannten Dynamo genutzt: Ein Permanentmagnet dreht sich an einem Leiter vorbei. Dadurch taucht der Leiter bei jeder Umdrehung in das B-Feld ein und wieder aus. Nach dem Induktionsgesetz wird eine Spannung induziert, mit der das Front- und Rücklicht betrieben wird.

Mit Hilfe dieses Systems kann also auch aus einer Bewegung eine Spannung induziert werden. Das Induktionsgesetz ist die Grundlage für elektro-mechanische Systeme wie Elektromotoren und Generatoren.

5.6 Die Lenzsche Regel

Die Natur ist „faul" und möchte sich nicht gerne verändern. Sie strebt nach Gleichgewicht und Homogenität. Das kann man bei vielen Natureffekten beobachten.

In der Elektrotechnik gibt es weiterhin einen Effekt, der durch die Lenzschen Regel beschrieben wird. Sie besagt, dass die induzierte Spannung ihrer Ursache (der Änderung des B-Feldes oder der Fläche) entgegenwirkt.

Das erklären wir anhand eines Beispiels.

Ein Leiter befindet sich vollkommen in einem B-Feld.

> Da sich das B-Feld nicht ändert und der Leiter vollständig in dem B-Feld liegt, wird keine Spannung induziert. Nehmen wir nun an, dass das äußere Magnetfeld durch äußere Einflüsse abnimmt.

- Die Änderung des magnetischen Feldes ist nicht mehr Null.
- Es wird eine Spannung im Leiter induziert.
- Durch die induzierte Spannung fließt ein Strom.
- Dieser erzeugt ein magnetisches Feld, das sich mit dem äußeren magnetischen Feld überlagert.
- Das erzeugte magnetische Feld ist jedoch so gepolt, dass es der Ursache, also der Abnahme des äußeren B-Felds, entgegenwirkt. Es wirkt entsprechend „aufbauend statt abnehmend."
- Das erzeugte Magnetfeld „stützt" das äußere Magnetfeld, sodass es langsamer abnimmt.
- Als Folge der Lenzschen Regel sind keine abrupten Änderungen des magnetischen Flusses möglich.

Die Zu- und Abnahme des magnetischen Flusses induziert eine Spannung, die der Ursache entgegenwirkt.

5.7 Die Lorentzkraft

Im elektrischen Feld erfährt eine Probeladung Q eine Kraft, die die Probeladung zu einem Pol hinzieht und vom anderen abstößt.

Ähnlich wie im elektrischen Feld erfahren Probeladungen, die man in das magnetische Feld setzt, eine Kraft. Dabei ist eine Probeladung kein Ladungsteilchen, sondern ein Magnet. Und wie wir kennengelernt haben, ist ein stromdurchflossener Leiter ebenfalls ein Magnet, da er ein magnetisches Feld erzeugt.

Auf einen stromdurchflossenen Leiter wirkt im magnetischen Feld eine Kraft, die Lorentzkraft.

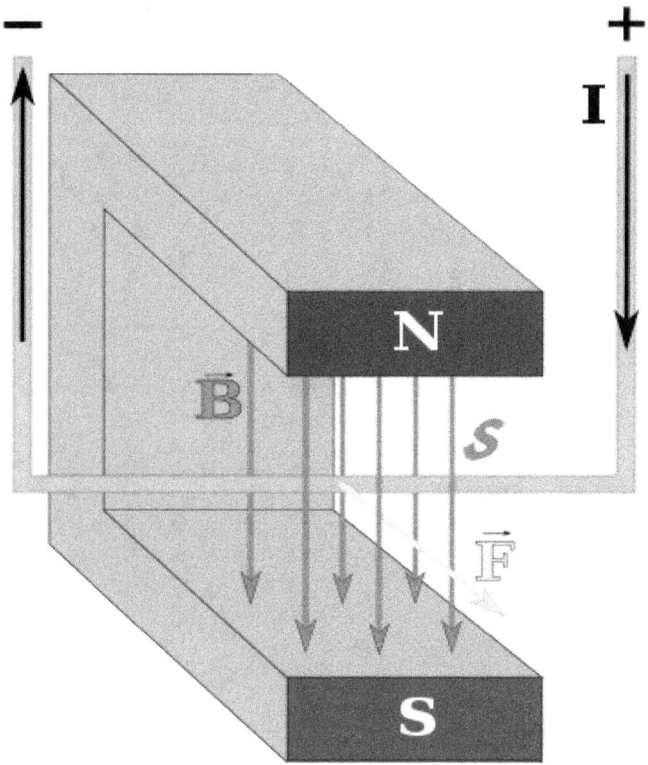

Abbildung 20 Lorentzkraft im Hufeisenmagnet

Als Beispiel nehmen wir einen Hufeisenmagneten zur Hilfe. Der Vorteil dieses Magneten ist, dass das Feld innerhalb der Schenkel des Hufeisens annähernd als homogen betrachtet werden kann.

Das B-Feld fliest vom Nordpol zum Südpol. Setzen wir einen stromdurchflossenes Stück Draht in das homogene Magnetfeld, erfährt dieser eine Kraft. Der Betrag der Kraft ist abhängig von der Stärke des B-Feldes B, der Stärke des Stroms I und der Länge s des Leiterstücks.

$F_L = I \cdot B \cdot s$

Welche Kraft erfährt ein Leiter mit der Länge 10 cm, der von 10 A durchflossen wird und in einem B-Feld mit der Flussdichte von 200 mT liegt?

Lösung: $F_L = 10\,\text{A} \cdot 0{,}2\,\text{T} \cdot 0{,}1\,\text{m} = 0{,}2\,\text{N}$

Das magnetische Feld

Welche Länge s hat ein Draht, auf den 7 Milli-Newton Kraft wirken, wenn er in einem B-Feld der Stärke $100\ mT$ liegt und von einem Strom von 200 mA durchflossen wird?

Lösung:

$$F_L = I \cdot B \cdot s$$

$$s = \frac{F_L}{I \cdot B} = \frac{7\ mN}{0{,}2\ A \cdot 0{,}1 T} = 35\ cm$$

5.8 Die Drei-Finger-Regel

Die Richtung der Kraft kann man mit der Rechte-Hand- oder auch Drei-Finger-Regel ermitteln. Daumen, Zeige- und Mittelfinger werden dabei zu einem rechthändigen Koordinatensystem (Rechtssystem) aufgespannt. Dabei ist der Daumen die Richtung des technischen Stroms, der Zeigefinger die Richtung des magnetischen Feldes, und der Mittelfinger zeigt die Richtung der resultierenden Kraft an.

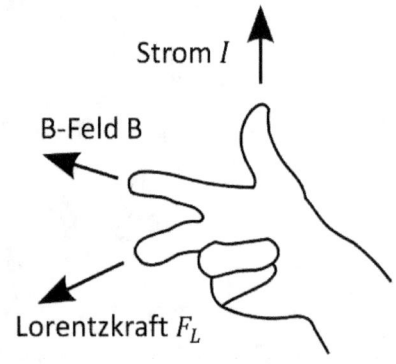

Abbildung 21 Drei-Finger-Regel

5.9 Überblick: E-Feld und B-Feld

Abschließend veranschaulicht die folgende Tabelle alle Analogien vom elektrischen und magnetischen Feld. Die Lorentzkraft ist dabei streng genommen keine reine magnetische Kraftwirkung, da ein stromdurchflossener Leiter notwendig ist.

Typ	E-Feld	B-Feld
Feldstärke	$\vec{E}$	$\vec{B}$
Feldlinien anschaulich		
Feldkonstante	$\varepsilon_0 = 8{,}854 \cdot 10^{-12} \frac{As}{Vm}$	$\mu_0 = 1{,}257 \cdot 10^{-6} \frac{Vs}{Am}$
Ursache	Geladene Körper	Permanentmagnete oder stromdurchflossene Leiter
Probekörper	Probeladung	Probemagnet/ Stromdurchflossener Leiter
Feldlinien	Linie, entlang derer ein Probekörper eine Kraft erfährt	
Feldlinien-Orientierung	Vom Plus- zum Minuspol	Geschlossen, außen vom Nord- zum Südpol
Kraftwirkung	Coulombkraft $F_{el} = E \cdot q$	Lorentzkraft $F_L = I \cdot B \cdot s$

Damit haben wir die wichtigsten Grundlagen kennengelernt. In den folgenden Kapiteln behandeln wir die Darstellung und Wirkungsweisen von konkreten, elektrischen Bauteilen.

6 Kennzeichnungen und Schaltsymbole

Wir haben bereits kennengelernt, dass es in elektrischen Systemen immer ein Bezugspotenzial geben muss, da Spannungen lediglich eine Potenzialdifferenz anzeigen.

6.1 Masse und Erde

Das „Nullpotential" in einer Schaltung wird auch als Masse oder GND (Ground) bezeichnet. Jede elektrische Schaltung besitzt ein Massepotenzial. Das Schaltsymbol für das Massepotenzial ist Folgendes:

Abbildung 22 Zeichen 02-15-04 nach DIN EN 60617-2 für Masse

Abbildung 23 Zeichen 02-15-04 nach DIN EN 60617-2 für Masse, Gehäuse

Oft wird das Potenzial der Erde als Massepotenzial festgelegt. Das kann man beispielsweise realisieren, indem man einen Pfahl im Erdboden verankert, ähnlich wie es bei Blitzableitern der Fall ist. Das hört sich vielleicht im ersten Moment komisch an, die Erde als „elektrisches Element" in einen Stromkreis einzubauen, jedoch ist das in der Praxis durchaus gebräuchlich. Vor allem bei Schutzmaßnahmen wird ein zuverlässiger (Ab-)Leiter benötigt. Zu finden ist die Erdung beispielsweise in gewöhnlichen Haushaltssteckdosen. Die oben und unten befindlichen Metallstifte sind angebracht, um das betriebene Gerät zu erden, sodass z. B. das Gehäuse eines angeschlossenen Gerätes sich nicht aufladen oder gefährlich werden kann. Das Schaltsymbol für die Erdung ist dem der Masse sehr ähnlich.

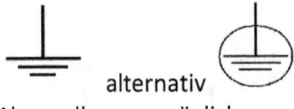

Abwandlungen möglich

6.2 Verbraucher

Wir haben bereits die meisten Analogien zwischen Strom- und Wasserkreislauf beschrieben: Die Leitungen entsprechen den Rohren, die Druckdifferenz der Spannung und die Pumpe einer Spannungs- oder Stromquelle.

Als letzte Analogie fehlt der Verbraucher. Im Wasserkreislauf ist das die Turbine oder das Wasserrad, das dem Wasser Energie entzieht. Im elektrischen Kreis muss es analog etwas sein, das dem Strom einen Widerstand entgegenstellt. Das kann alles Mögliche sein; eine Lampe, ein Handy beim Laden, ein Kühlschrank oder auch ein Fernseher. Das Symbol im Schaltkreis für einen Verbraucher wird als Kreis mit innerem Kreuz dargestellt.

Das Schaltzeichen eines Verbrauchers, beispielsweise einer Glühlampe:

Abbildung 24 Schaltzeichen Verbraucher

6.3 Der fertige Stromkreis

Wir haben alle essenziellen Bauteile für die einfachste Art deines Stromkreises kennengelernt. Wir stellen zusammenfassend den Strom- und den Wasserkreislauf gegenüber.

Wasserkreis	**Darstellung**	**Stromkreis**	**Symbol**
Pumpe	Pumpe	Spannungs-/ Stromquelle	⊕⊖
Rohre	═══	Leitungen	───
Wasserrad Turbine	🌀	Verbraucher Lampe, Kühlschrank etc.	⊗

Weitere Analogien			
Wasserteilchen	H$_2$O	Elektronen	e-
Wasserfluss	bewegtes Wasser	Stromfluss	I
Wasserdruck	p	Potenzial	φ

Kennzeichnungen und Schaltsymbole

Druckunterschied (zwischen den Becken)	Δp	Spannung	U
Unteres Becken	„Nullniveau"	Masse/Erde	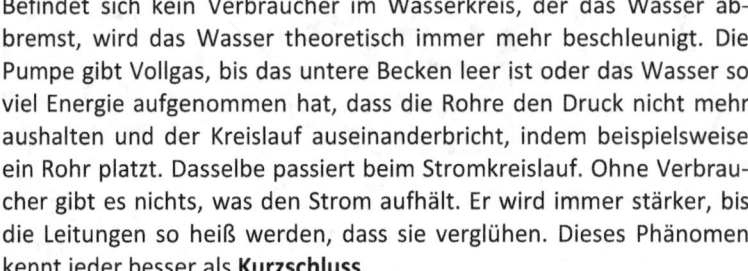

Natürlich gibt es noch jede Menge anderer Bauteile in einem Stromkreis, einige werden wir noch kennenlernen. Für manche gibt es Analogien zum Wasserkreislauf, für andere nicht. Im nächstfolgenden Kapitel gehen wir auf einige dieser Bauteile ein. Davor lernen wir jedoch noch die Konventionen beim Zeichnen von Spannungs- und Strompfeilen sowie zwei fundamentale Gesetze in der Elektrotechnik kennen.

6.4 Was passiert ohne Verbraucher?

 Befindet sich kein Verbraucher im Wasserkreis, der das Wasser abbremst, wird das Wasser theoretisch immer mehr beschleunigt. Die Pumpe gibt Vollgas, bis das untere Becken leer ist oder das Wasser so viel Energie aufgenommen hat, dass die Rohre den Druck nicht mehr aushalten und der Kreislauf auseinanderbricht, indem beispielsweise ein Rohr platzt. Dasselbe passiert beim Stromkreislauf. Ohne Verbraucher gibt es nichts, was den Strom aufhält. Er wird immer stärker, bis die Leitungen so heiß werden, dass sie verglühen. Dieses Phänomen kennt jeder besser als **Kurzschluss**.

Ein Kurzschluss entsteht, wenn Plus- und Minuspol ohne Verbraucher verbunden werden! Ein einfacher Leitungskreislauf ist daher ein Kurzschluss, da kein Verbraucher in der Schaltung vorkommt.

6.5 Zählpfeilsysteme

Wir haben bereits Spannungsquellen, Stromquellen, Leitungen und Verbraucher kennengelernt, aber wie können wir mit diesen Symbolen rechnen? In komplexeren Systemen ist es wichtig, ein einheitliches System zu verwenden. Wir erinnern uns an das Verglühen einer Sonde in der Marsatmosphäre, weil zwei verschiedene Einheitensysteme verwendet wurden.

 Um rechnen zu können, wird ein einheitliches Pfeilsystem für Spannungen und Ströme eingeführt.

6.6 Spannungspfeile

Spannungspfeile besitzen einen Anfangs- sowie einen Endpunkt. Der Spannungspfeil verläuft wegen der technischen Stromrichtung von Plus nach Minus. Der Pfeil wird entweder gerade über dem Bauteil oder abgerundet gezeichnet. Beides ist zulässig. Man sollte jedoch einheitlich bleiben und nicht zwischen den Notationen wechseln.

 ! Vertauscht man Anfangs- und Endpunkt, wird der Wert der Spannung negiert.

6.7 Strompfeile

Ein Strom wird durch einen Pfeil auf der Leitung dargestellt. Auch hier wird der Strom von Plus nach Minus eingezeichnet. Zeigt der Pfeil in die andere Richtung, wird der Wert des Stroms negiert.

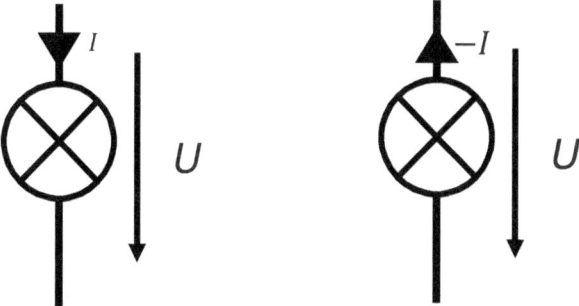

Weiß man noch nicht, in welche Richtung der Strom fließt, weil z. B. der Plus- und Minuspol noch nicht vorhanden sind, wird eine Richtung angenommen und mit dieser gerechnet. Ergibt sich bei den Berechnungen ein negativer Strom, weiß man, dass der Strom eigentlich in die andere Richtung verläuft.

6.8 Erzeuger und Verbraucherpfeilsystem

In der Elektrotechnik unterscheidet man zwei Systeme: das Erzeugerpfeilsystem und das Verbraucherpfeilsystem. Dabei geht es lediglich um die Interpretation der Spannungs- und Strompfeile. Im Verbraucherpfeilsystem wird Energie „verbraucht", wenn Strom und Spannung in dieselbe Richtung zeigen.

Das Bauteil nimmt dann elektrische Energie auf und wandelt sie in andere Energieformen um.

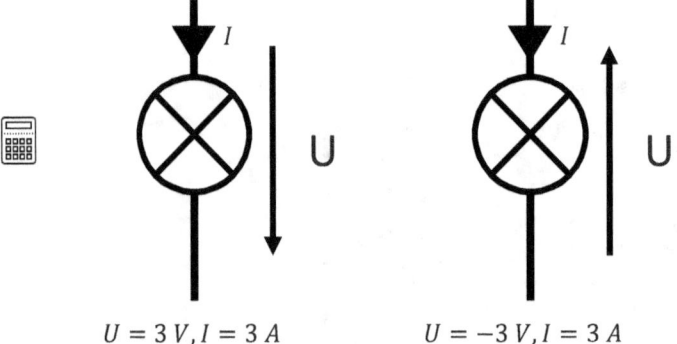

$U = 3\,V, I = 3\,A$ $\qquad U = -3\,V, I = 3\,A$

Zeigen Spannungs- und Strompfeil in entgegengesetzte Richtungen, wird entsprechende Energie erzeugt, beispielsweise von einer Strom- oder Spannungsquelle.

Im Erzeugerpfeilsystem ist es genau andersherum. In diesem System wird Energie „verbraucht", wenn Strom und Spannung in entgegengesetzte Richtungen zeigen. Zeigen sie in dieselben Richtungen, wird entsprechenden Energie erzeugt.

 In der Elektrotechnik wird fast ausnahmslos das Verbraucherpfeilsystem verwendet. Das Erzeugerpfeilsystem wird lediglich bei Quellenbetrachtungen verwendet, um zu schauen, ob eine Quelle Energie aufnimmt oder abgibt.

Deswegen liegt der Hauptfokus in diesem Buch auf dem Verbraucherpfeilsystem, das im weiteren Verlauf für Beispiele jeder Art einzig verwendet wird.

6.9 Kirchhoffsche Gesetze

Als Nächstes kommen wir zu zwei fundamentalen Regeln, die im Rahmen der Schaltungsanalyse immer wieder zum Einsatz kommen: den Kirchhoffschen Gesetzen.

Der Physiker Gustav Robert Kirchhoff hat zwei grundlegende Gesetze aufgestellt, die es in einer Schaltung erleichtern, unbekannte Spannungen und Ströme zu ermitteln: den Maschensatz sowie den Knotensatz bzw. die Knotenregel. Die beiden Gesetze bilden die Grundlage jedes Schaltungsentwurfs oder dessen Analyse. Die Kirchhoffschen Gesetze sind Ableitungen aus der Physik, bzw. aus dem Energieerhaltungssatz. Beide Regeln sind recht logisch und leicht nachzuvollziehen.

6.10 Der Knotensatz

 Überall dort, wo mehrere Leitungen aufeinandertreffen, bildet sich ein elektrischer Knoten. In einem elektrischen Knoten teilen sich die Ströme unterschiedlich auf.

Salopp ausgedrückt besagt die erste Kirchhoffsche Regel lediglich, dass Elektronen bzw. Ladungen in einem elektrischen Knoten nicht einfach verschwinden können. Da ein Strom bewegte Ladung ist, trifft das entsprechend auch auf Ströme zu.

 „Wo Strom reingeht, muss er auch wieder raus."

Physikalisch korrekter formuliert besagt der Knotensatz:

„In einem elektrischen Knoten ist die Summe der hineinfließenden Ströme gleich der Summe der hinausfließenden Ströme".

$$I_{in} = -I_{out}$$

Oder: „Die Summe aller Ströme in einem Knoten ist Null."

$$I_{in} + I_{out} = 0$$

Um damit rechnen zu können, muss noch der Betrag der Ströme festgelegt werden.

 Alle Ströme, die in einen Knoten hineinlaufen, werden positiv, alle Ströme, die hinauslaufen, werden negativ gerechnet.

 Die Abbildung zeigt einen elektrischen Knoten, in dem sich insgesamt fünf Leitungen treffen.

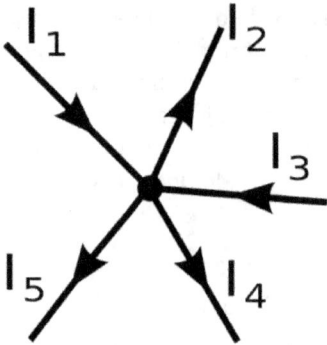

Abbildung 25 Elektrischer Knoten

Nach unserer Definition sind die Ströme I_1 und I_3 positiv und I_2, I_4 und I_5 negativ. Die Summe der in den Knoten fließenden Ströme ist also I_1+I_3, die Summer der aus dem Knoten herausfliesenden Ströme ist $I_2+I_4+I_5$. Die Kotenregel besagt:

$$I_1 + I_3 - I_2 - I_4 - I_5 = 0 \quad \text{bzw. umgestellt:} I_1 + I_3 = I_2 + I_4 + I_5$$

6.11 Der Maschensatz

Ähnlich wie der Knotensatz bei Strömen, besagt der Maschensatz bei Spannungen, dass die Summe aller Spannungen in einer Schaltung gleich null sein muss.

Der Hintergrund ist dabei, dass die elektrische Energie erhalten bleiben muss. Wir haben bereits gelernt, dass die Leistung und damit auch die Energie von der Spannung abhängt. Also muss auch die Spannung erhalten bleiben.

 Eine Masche ist ein geschlossener Umlauf über mehrere Spannungen innerhalb einer Schaltung.

Diese Masche kann von uns beliebig gewählt werden. Es ist lediglich wichtig, dass der Anfangs- gleich dem Endpunkt der Masche ist, also ein geschlossener Umlauf entsteht.

Der Maschensatz besagt:

„Die Summe aller Spannungen innerhalb einer Masche ist Null."

Auch hier benötigen wir wieder eine Definition, welche Spannung positiv und welche negativ gezählt wird. Es ist dabei egal, ob die Masche im oder gegen den Uhrzeigersinn verläuft.

 Jede Spannung, die in Maschenrichtung verläuft, wird positiv und jede gegen die Maschenrichtung verlaufende wird negativ gezählt.

Beispiel einer Masche über zwei Spannungsquellen und einem Verbraucher mit der Spannung U_{Ver}

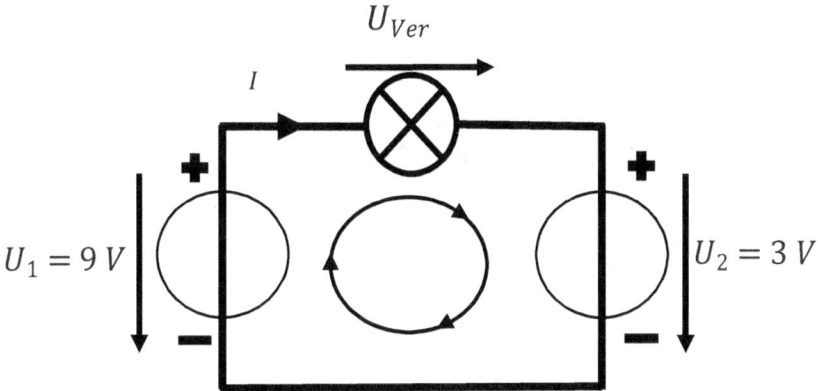

Abbildung 26 Masche in einem Stromkreis

Alle Spannungen in Maschenrichtung sind positiv, alle Spannung entgegen sind negativ zu zählen.

$-U_1 + U_{Ver} + U_2 = 0$

$U_{Ver} = U_1 - U_2$

$U_{Ver} = 6\ V$

Wir haben bereits einige Bestandteile des Stromkreises kennengelernt. Mit Hilfe der Kirchoffschen Regeln können wir Ströme und Spannungen ermitteln. Außerdem kennen wir bereits einige Bausteine des Stromkreises wie Strom und Spannungsquellen.

Natürlich gibt es noch jede Menge weitere Bauteile, die wir jetzt nach und nach durchgehen werden. Wir beginnen mit einem klassischen Verbraucher, dem Widerstand.

7 Der elektrische Widerstand

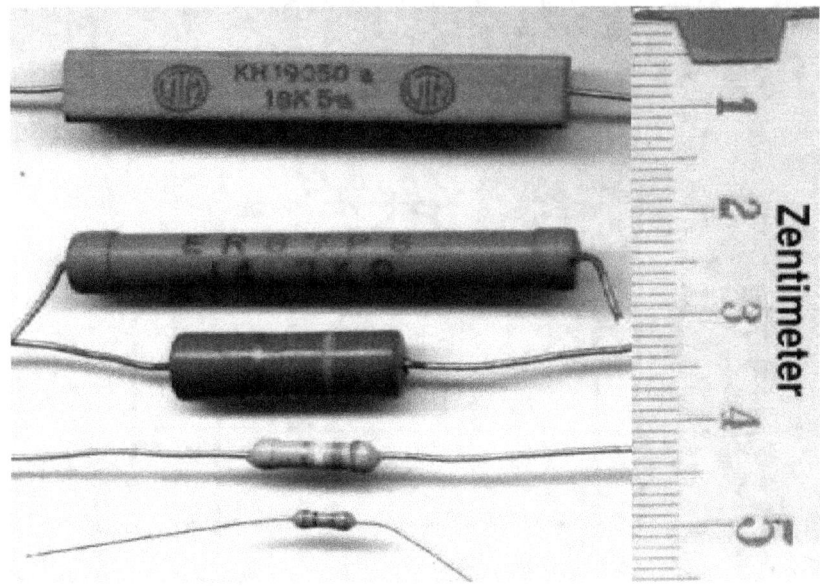

Abbildung 27 Verschiedene Widerstandsbauformen

Der elektrische Widerstand ist, wie es der Name schon sagt, ein Widerstand für Elektronen. Es wird den Elektronen erschwert, durch den Widerstand zu fließen. Das kann beispielsweise durch ein Metall geschehen, das seine Valenzelektronen nicht „so leicht" abgibt. Die Elektronen reiben aneinander und erzeugen Wärme.

Das Schaltzeichen wird als Rechteck gezeichnet.

Abbildung 28 Amerikanisches Schaltsymbol   Abbildung 29 Europäisches Schaltsymbol

 Ein Widerstand im Stromkreis ist ein Hindernis für den Strom, ähnlich wie Steine oder Pfeiler im Wasserkreis. Diese stemmen sich gegen das Wasser, bieten ihm also einen Widerstand.

Der elektrische Widerstand hat das Formelzeichen R und wird in Ω (Ohm) angegeben. Der Name wurde nach dem deutschen Physiker Georg Simon Ohm benannt. Der Widerstandswert ist ein Maß, wie schwer es der Strom hat, durch den Widerstand zu fließen. Anders ausgedrückt:

Der elektrische Widerstand gibt an, welche elektrische Spannung U erforderlich ist, um eine Stromstärke I durch einen elektrischen Leiter fließen zu lassen.

$$R = \frac{U}{I}$$

Die Einheit Ohm ist daher

$$1\,\Omega = \frac{1\,V}{1\,A}$$

Wir können die Formeln entsprechend umstellen zu

$$U = R \cdot I$$

 Ein Merkspruch, der den Zusammenhang zwischen Spannung, Widerstand und Strom in einem Stromkreis angibt, ist daher „URI".

Exkurs: Der Widerstand eines Kupferdrahtes:

 Unsere Haushaltsstromleitungen bestehen aus Kupfer. Die Leitungen sollen den Strom leiten und möglichst wenig Widerstand aufweisen, jedoch ist der Wunschwiderstand von 0 Ω nur Utopie. Der Widerstand erhöht sich, je länger das Kabel ist, und verringert sich, je dicker das Kabel und damit die Querschnittsfläche A des Kabels größer ist.

Nicht durcheinanderkommen, A ist hier das Formelzeichen für die Fläche, nicht die Einheit Ampere.

Natürlich ist der Widerstand auch vom Material abhängig. Das wird im spezifischen Widerstand ρ (das kleine griechische rho) eines Materials berücksichtigt.

 Der Widerstand eines Leiters ergibt sich zu $R = \rho \cdot \frac{l}{A}$

Kupfer hat beispielsweise einen spezifischen Widerstand von

$$\rho = 1{,}69 \cdot 10^{-2}\,\frac{\Omega mm^2}{m} \text{ bis } 1{,}75 \cdot 10^{-2}\,\frac{\Omega mm^2}{m}$$

 10 m Kupferkabel mit einem Querschnitt von $A = 0{,}1\,mm^2$ haben einen Widerstand von

$$R = 1{,}75 \cdot 10^{-2}\,\frac{\Omega mm^2}{m} \cdot \frac{10\,m}{0{,}1\,mm^2} = 1{,}75\,\Omega$$

Der elektrische Widerstand

Hier wird mit Quadratmillimetern gerechnet, da der spezifische Widerstand meistens in der Form $\frac{\Omega mm^2}{m}$ angegeben wird.

Ansonsten müsste man den Querschnitt zunächst in Quadratmeter umrechnen. Das wäre auch korrekt, aber umständlicher.

Exkurs: Leitwert G

Anstatt des Widerstands R kann auch mit dem Leitwert G gerechnet werden. Der Leitwert ist ebenfalls ein Maß dafür, wie gut ein Stoff Elektronen „durchlässt". Der Leitwert hat die Einheit Siemens S und wurde nach Werner von Siemens benannt. Der Zusammenhang zwischen Leitwert und Widerstand ist relativ banal: Der Widerstand und der Leitwert sind jeweils Kehrwerte voneinander.

$$G = \frac{1}{R}; R = \frac{1}{G}$$

$$1\,S = \frac{1}{1\,\Omega}; 1\,\Omega = \frac{1}{1\,S}$$

Der Leitwert besitzt kaum eine technische Bedeutung.

💡 In der Elektrotechnik spricht und rechnet man einzig von bzw. mit Widerstandswerten.

 Wie viel Spannung muss man an einen Widerstand mit 150 Ω anlegen, damit 3A durch ihn fließen?

Lösung: $U = R \cdot I = 150\,\Omega \cdot 3\,A = 450\,V$

 Eine 9 V-Blockbatterie wird an einen Widerstand mit R = 3 Ω angeschlossen. Wie viel Strom fließt?

Lösung: Wir stellen $U = R \cdot I$ um nach $I = \frac{U}{R} = \frac{9\,V}{3\,\Omega} = 3\,A$

 Durch einen Widerstand fließen 2 kA, während 3 MV angelegt sind. Wie groß ist der Widerstandswert?

Lösung: Wir stellen $U = R \cdot I$ um nach

$$R = \frac{U}{I} = \frac{3\,MV}{2\,kA} = \frac{3 \cdot 10^6\,V}{2 \cdot 10^3\,A} = \frac{3}{2} \cdot 10^6\,V \cdot 10^{-3}\,A = 1{,}5\,k\Omega$$

7.1 Reihenschaltung von Widerständen

In der Elektrotechnik können Schaltungen schnell recht komplex werden. Selten ist nur ein Widerstand verbaut, wie wir es im Beispiel kennengelernt haben. Wenn zwei oder mehrere Widerstände hintereinandergeschaltet werden, sprechen wir von einer Reihenschaltung oder Serienschaltung.

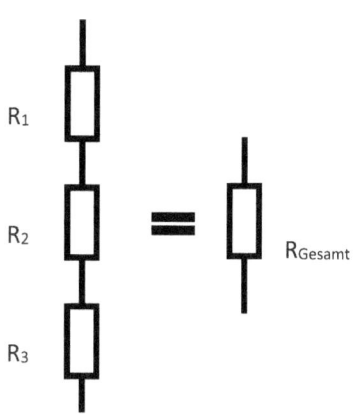

Der Strom muss sich dabei nacheinander durch beide Widerstände „quetschen". Der entstehende Gesamtwiderstand ist entsprechend größer.

Die einzelnen Widerstände kann man zu einem Widerstand zusammenrechnen. Dieser hat den Widerstandswert gleich der Summe der Einzelwiderstandswerte.

Abbildung 30 Reihenschaltung von Widerständen

$R_{ges} = R_1 + R_2 + R_3 + \cdots$

7.2 Spannungsteiler

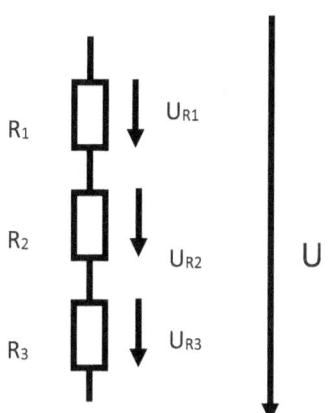

Abbildung 31 Spannungsteiler bei Serienschaltung von Widerständen

Wir haben mehrere in Serie geschaltete Widerstände und kennen die Spannung, die über allen Widerständen zusammen abfällt. Aber wie viel Spannung fällt über den einzelnen Widerständen ab?
Die Widerstände teilen die Spannung proportional zu ihren Widerstandswerten untereinander auf, daher bilden sie einen Spannungsteiler.

$$\frac{\text{Spannung am Widerstand}}{\text{Gesamtspannung}} = \frac{\text{Widerstandswert}}{\text{Gesamtwiderstand}}$$

$$U_{R1} = U_0 \cdot \frac{R_1}{R_1 + R_2 + R_3 + \cdots}$$

$$U_{R2} = U_0 \cdot \frac{R_2}{R_1 + R_2 + R_3 + \cdots}$$

...

$U_0 = 10\,V, R_1 = 6\,\Omega, R_2 = 4\,\Omega$

$$U_{R1} = 10\,V \cdot \frac{6\,\Omega}{6\,\Omega + 4\,\Omega} = 6\,V$$

$$U_{R2} = 10\,V \cdot \frac{4\,\Omega}{6\,\Omega + 4\,\Omega} = 4\,V$$

7.3 Parallelschaltung von Widerständen

Wenn zwei Widerstände denselben Anfangs- und Endpunkt haben, sind sie parallelgeschaltet. Für den Strom wird es leichter, durch beide Widerstände zu fließen, als durch die einzelnen. Der Widerstandswert des resultierenden Widerstands ist entsprechend kleiner.

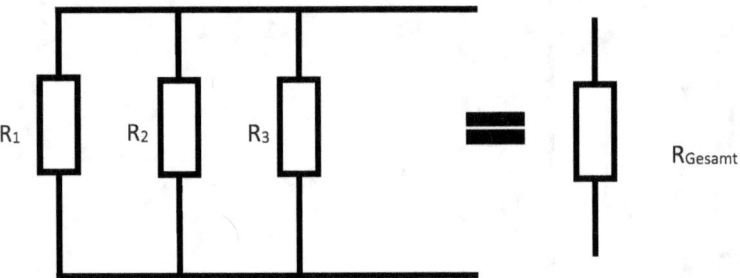

Abbildung 32 Parallelschaltung von Widerständen

Der Gesamtwiderstand errechnet sich aus der Parallelschaltung der Einzelwiderstände. Dafür wird das Zeichen für Parallelität ∥ verwendet.

$R_1 \parallel R_2 \parallel R_3 \parallel \cdots = R_{ges}$

> ! Bei der Parallelschaltung addieren sich nicht die Widerstandswerte, sondern die Leitwerte der Widerstände. $G_{ges} = G_1 + G_2 + G_3 + \cdots$

Da wir jedoch nur in Widerständen und nicht in Leitwerten rechnen, ergibt sich:

$$\frac{1}{R_{ges}} = \frac{1}{R_1} + \frac{1}{R_2} + \frac{1}{R_3} + \cdots$$

7.4 Sonderform für zwei Widerstände

Hat man lediglich zwei Widerstände parallelgeschaltet, vereinfacht sich die Formel zu:

$$\frac{1}{R_{ges}} = \frac{1}{R_1} + \frac{1}{R_2}$$

Multiplizieren wir den Bruch mit R1 und R2 erhalten wir:

$$R_{ges} = \frac{1}{\frac{1}{R_1} + \frac{1}{R_2}} \quad => \quad R_1 \parallel R_2 = R_{ges} = \frac{R_1 R_2}{R_1 + R_2}$$

R1 = 10 Ω, R2 = 30 Ω

$$R_{ges} = \frac{10\,\Omega \cdot 30\,\Omega}{10\,\Omega + 30\,\Omega} = \frac{300\,\Omega^2}{40\,\Omega} = 7{,}5\,\Omega$$

7.5 Stromteiler

Analog zur Spannungsteiler-Regel stehen wir vor der Frage, welcher Strom durch die parallel geschalteten Widerstände fließt. Die Widerstände teilen den Strom untereinander auf, daher bilden sie einen Stromteiler.

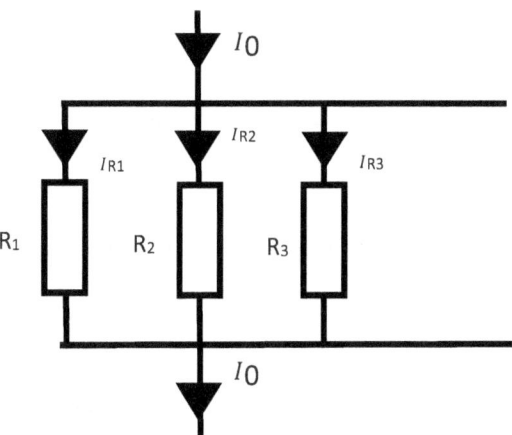

Abbildung 33 Stromteiler bei Parallelschaltung von Widerständen

Der elektrische Widerstand

Die Spannung, die an den Widerständen anliegt, ist dieselbe. Wegen „URI" bedeutet das im Umkehrschluss, dass die Ströme durch die Widerstände nur von den Widerstandswerten R_1, R_2 abhängen. Die Widerstände teilen den Strom antiproportional zu ihren Widerstandswerten auf bzw. proportional zu ihren Leitwerten. Wir erinnern uns $G = \frac{1}{R}$.

$$\frac{\text{Strom durch den Widerstand}}{\text{Gesamtstrom}} = \frac{\text{Leitwert}}{\text{Gesamtleitwert}}$$

 Ist ein Widerstand doppelt so groß wie der andere, fließt durch ihn nur halb so viel Strom wie durch den anderen.

$$I_{R1} = I_0 \cdot \frac{G_1}{G_1 + G_2 + G_3 + \cdots}$$

$$I_{R2} = I_0 \cdot \frac{G_2}{G_1 + G_2 + G_3 + \cdots}$$

$I_0 = 10\,A, R_1 = 6\,\Omega, G_1 = \frac{1}{6\,\Omega}, R_2 = 4\,\Omega, G_2 = \frac{1}{4\,\Omega}$

$$I_{R1} = 10\,A \cdot \frac{\frac{1}{6\,\Omega}}{\frac{1}{6\,\Omega} + \frac{1}{4\,\Omega}} = 4\,A$$

$$I_{R2} = 10\,A \cdot \frac{\frac{1}{4\,\Omega}}{\frac{1}{6\,\Omega} + \frac{1}{4\,\Omega}} = 6\,A$$

7.6 Elektrische Leistung

Die Leistung haben wir bereits kennengelernt. Sie wird mit P notiert. In der Elektrotechnik gibt die elektrische Leistung das Produkt aus Strom und Spannung an, die beispielsweise an einem Widerstand anliegt.

$P = U \cdot I$

Ist statt der Spannung der Widerstand gegeben, ergibt sich die Leistung zu:

$U = R \cdot I$

$P = R \cdot I^2$

Ist statt des Stroms der Widerstand gegeben, ergibt sich die Leistung zu $P = \frac{U^2}{R}$

$$P = U \cdot I$$

$$P = R \cdot I^2 \quad ; \quad P = \frac{U^2}{R}$$

 Eine 9 V Blockbatterie kann höchstens 0,5 A Strom abgeben. Wie viel Leistung kann sie maximal liefern?

Lösung: $P = U \cdot I = 9\,V \cdot 0{,}5\,A = 4{,}5\,VA = 4{,}5\,W$

 An einem Widerstand von 1kΩ liegen 10V an. Wie viel Leistung wird im Widerstand umgesetzt?

Lösung: $P = \frac{U^2}{R} = \frac{(10\,V)^2}{1\,k\Omega} = \frac{100\,V^2}{1000\,\Omega} = 0{,}1\,W$

7.7 Anwendungsbeispiel: Widerstände in einem Netzteil

Die folgende Abbildung zeigt ein Netzteil, bei dem das obere Gehäuse abgenommen wurde. Anhand dieses Beispiels sehen wir verschiedene Komponenten innerhalb eines geschlossenen Systems.

 Achtung: Ein Netzteil oder sonstige elektrische Bauteile sollten von einem Laien nicht geöffnet werden. Bauteile wie Kondensatoren können, je nach Kapazität, Ladung sehr lange speichern und entsprechend gefährlich sein.

Wir erkennen viele Widerstände auf der Platine. Diese werden auf der Platine/Leiterplatte durch „R" gekennzeichnet und haben jeweils eine eigene Nummer.

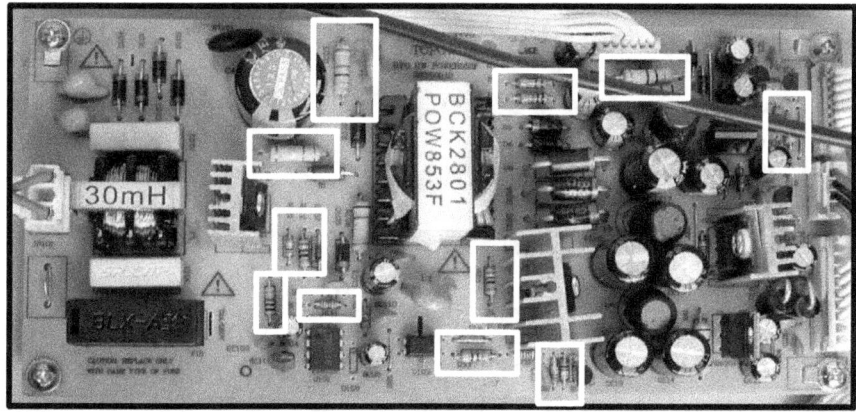

Abbildung 34 Interner Platinenaufbau eines Netzteils

Der elektrische Widerstand

8 Halbleiter: PN-Übergang, Diode, Transistor

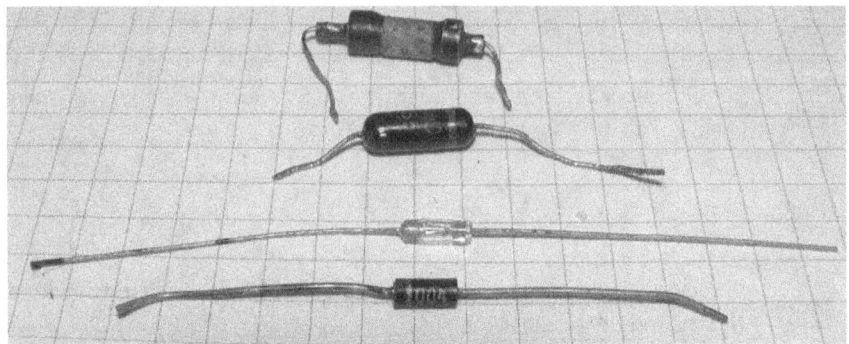

Abbildung 35 Verschiedene Diodenbauformen

 Eine Diode ist ein Bauteil, das den Strom nur in eine Richtung durchlässt. Daher spricht man hierbei auch von einem Halbleiter-Bauelement. Im Wassermodell ist es eine Art „Katzenklappe", die das Wasser nur in eine Richtung durchlässt.

Abbildung 36 Schaltsymbol Diode

Die Diode besteht aus einer Anode, die an den Pluspol bzw. das höhere Potenzial angeschlossen wird, und einer Kathode, die an den Minuspol bzw. das niedrigere Potenzial angeschlossen wird.

 Ein senkrechter Strich auf dem Bauteil zeigt dabei an, welcher Draht die Kathode bildet.

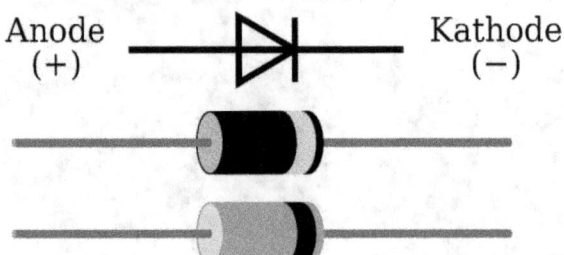

Abbildung 37 Anode und Kathode einer Diode

8.1 Aufbau einer Diode

Bei der Produktion von Dioden werden in ein Trägermaterial (meistens Silizium) positive und negative Atome dotiert („eingepflanzt"). Dabei wird ein Fremdatom wie Bor oder Phosphor in das Siliziumgitter eingesetzt.

Silizium hat vier Valenzelektronen und ist neutral geladen. Wird ein Siliziumatom durch beispielsweise ein Boratom mit lediglich drei Valenzelektronen ersetzt, „fehlt" ein Elektron. Entsprechend kann man durch das Einsetzen von Silizium durch ein Phosphoratom, das wiederum fünf Valenzelektronen besitzt, ein überschüssiges Elektron im Material erzeugen.

Durch das Einsetzen von zusätzlichen Ladungsträgern ist das Material nicht mehr neutral, sondern auf einer Seite positiv und auf der anderen Seite negativ geladen.

Sind insgesamt mehr Elektronen als Protonen vorhanden, ist das Material negativ geladen. Das Material ist n-dotiert. Sind weniger Elektronen als Protonen vorhanden, ist das Material entsprechend positiv geladen, p-dotiert. Bei einem Protonenüberschuss spricht man auch von Löchern oder Defekt-Elektronen, da dort, wo die Elektronen fehlen, quasi ein „Loch" entsteht.

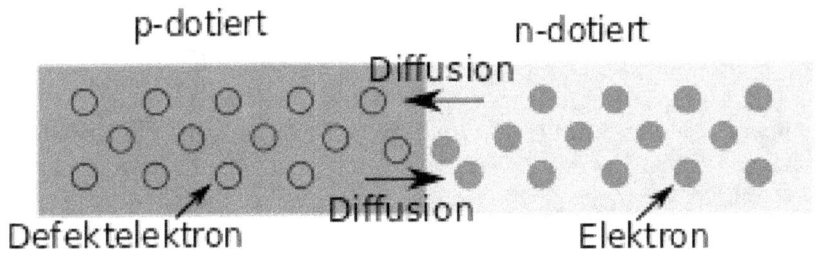

Abbildung 38 Aufbau eines PN-Übergangs

Durch die verschiedenen Ladungsträger bildet sich ein Übergang von einem positiven zu einem negativen Ladungsgebiet. Man spricht von einem PN-Übergang. Genau an der Grenzschicht diffundieren („wandern") die Ladungsträger an diesem Übergang. Die Löcher gleichen den Elektronenüberschuss aus und andersherum. Der Fachbegriff dafür lautet, dass die Ladungsträger rekombinieren. Im Bereich um die Grenzschicht sind nur neutrale Atome vorhanden.

Durch Rekombination von Elektronen und Löchern entsteht eine ladungsfreie Zone, die Verarmungszone, die nach außen hin immer weiter abnimmt.

 Die Elektronen sind vom n-dotierten Bereich in den p-dotierten gewandert und die Löcher umgekehrt. Dadurch entsteht ein elektrisches Feld, das weitere Ladungsträger daran hindert, durch die ladungsfreie Verarmungszone zu wandern.

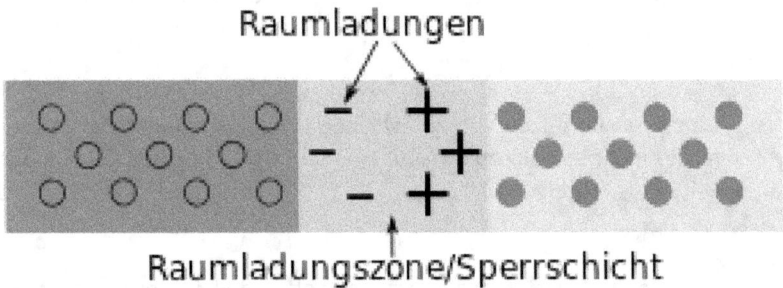

Abbildung 39 Raumladungszone eines PN-Übergangs

Es kann kein Strom fließen. Legt man an die n-dotierte Seite eine positive Spannung an und entsprechend an die p-dotierte Seite eine negative Spannung, werden die Elektronen noch weiter abgesaugt, und die Verarmungszone vergrößert sich. Es kann also erst recht kein Strom fließen. Andersherum sieht es schon besser aus:

Legt man an die p-dotierte Seite eine positive Spannung an, entsprechend an die n-dotierte Seite die negative Spannung, werden zusätzliche Elektronen und Löcher in die Ladungszonen geschoben und „überschwemmen" den Verarmungsbereich. Als Resultat kann nun der Strom ungehindert vom Pluspol der Spannung zum Minuspol fließen.

Aus diesem Grund werden Dioden oft zum Schutz vor Verpolung oder Überspannung eingesetzt. Wird die Spannung zu groß, beginnt die Diode zu leiten. Die Diode schlägt durch und leitet den Strom ab. Ein weiteres Einsatzgebiet ist das Begrenzen des Stroms in eine Richtung, wenn man beispielsweise einen Akku laden und dabei verhindern möchte, dass er sich entlädt.

 Dadurch, dass die Diode nur in eine Richtung leitet, spricht man davon, die Diode entweder in Flussrichtung oder in Sperrrichtung zu betreiben.

In welche Richtung die Diode leitet, kann man am Schaltsymbol erkennen; der Pfeil zeigt die Richtung des Stroms an, in der die Diode leitet.

 Wenn die Diode leitet, muss der Strom den PN-Übergang durchlaufen. Der PN-Übergang selbst wirkt dabei wie eine Spannungsquelle, die das Potenzial reduziert.

Wie viel Volt am PN-Übergang angelegt werden müssen, um die Verarmungszone zu „überschwemmen", hängt von der Art der Diode ab.

Am PN-Übergang einer Standard-Siliziumdiode fallen in Flussrichtung circa 0,7 V ab. Bei einer Schottky-Diode beispielsweise nur 0,2 V. Es gibt noch weitere Diodentypen, beispielsweise die Zehner-Dioden (Z-Diode). Diese sperrt in beide Richtungen, bricht jedoch ab einer bestimmten angelegten Spannung durch (Durchbruchspannung).

 Eine Diode hat in Flussrichtung nahezu keinen Widerstand und begrenzt den Stromfluss daher nicht. Man benötigt einen weiteren Widerstand, da sonst die Gefahr eines praktischen Kurzschlusses besteht.

In unserem Netzteil können wir auch etliche Dioden finden. Sie dienen beispielsweise zur Spannungswandlung von der wechselnden Eingangsspannung zu einer konstanten Spannung. Die Dioden werden mit D und einer Nummer bezeichnet. Optisch unterscheiden sie sich nicht signifikant von einem Wider stand.

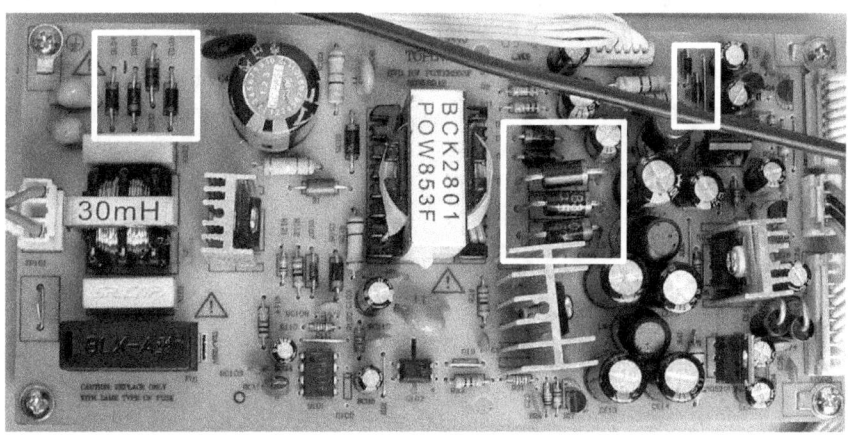

Halbleiter: PN-Übergang, Diode, Transistor

8.2 Exkurs: LED

LEDs, light emitting diodes, zu Deutsch lichtemittierende Dioden oder einfach Leuchtdioden genannt, sind heutzutage aus unserem Alltag kaum mehr wegzudenken.

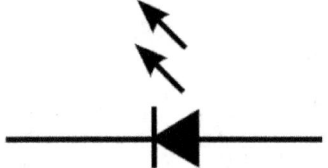

Abbildung 40 Schaltsymbol LED

Die Wirkungsweise und Eigenschaften einer Leuchtdiode sind dieselben wie die einer „normalen" pn-Halbleiterdiode. Eine LED hat eine Flussrichtung und eine Sperrrichtung, kaum einen Widerstand in Flussrichtung und besteht aus einem Trägermaterial, das n- bzw. p-dotiert wurde. Der große Unterschied besteht im verwendeten Trägermaterial. Während „normale" Dioden aus Silizium aufgebaut sind, wird für LEDs meist eine Galliumverbindung als Halbleitermaterial verwendet. Außerdem haben LEDs meistens eine höhere Durchlassspannung von circa 1,6 V - 3,6 V statt 0,7 V, wie bei einer nichtleuchtenden Diode.

 Auch eine Diode hat in Flussrichtung nahezu keinen Widerstand und begrenzt den Stromfluss daher nicht. Man benötigt einen weiten Widerstand, da sonst die Gefahr eines praktischen Kurzschlusses besteht. Diesen nennt man Vorwiderstand.

Je nach Farbe der LED unterscheidet sich auch die Durchlassspannung.

Eine weiße LED hat eine Durchlassspannung von circa 2,8-3,2 V, eine rote oder grüne LED meist nur 2,0-2,3 V. Die Spannungen hängen von der Bauform und dem eingesetzten Halbleiter ab. Der Hersteller der LED gibt dabei einen Bereich für die zulässige Durchlassspannung an.

Dementsprechend muss der Vorwiderstand an die Farbe angepasst werden.

8.3 Der Transistor

Abbildung 41 Verschiedene Transistorbauformen

Transistoren sind ein sehr weitverbreitetes Bauteil. In einem Intel-Prozessor eines handelsüblichen PCs sind heutzutage über 10 Milliarden Transistoren verbaut. Mithilfe von Transistoren können Rechenoperationen realisiert werden, die den Grundbaustein jedes digitalen Systems darstellen.

 Ein Transistor kann als steuerbarer, elektrischer Schalter betrachtet werden. Dieser lässt den Strom durch oder blockiert ihn vollständig.

Die Entwicklung und Integration von Transistoren in industriell gefertigte Chips (beispielsweise zu einem Prozessor eines PCs) war dabei die bedeutendste Entwicklung der letzten Jahrzehnte

Sie leitete die Digitalisierung und die damit verbundene Automatisierung ein. In einem Buch über Elektrotechnik dürfen Transistoren daher auf keinen Fall fehlen.

Heutzutage werden Transistoren nicht mehr händisch verbunden, sondern in ein Trägermaterial (auch Substrat oder Bulk genannt geätzt). Das Substrat bildet wie bei den Dioden das Silizium. Die kleinsten Transistoren befinden sich im Bereich von wenigen Nanometern und sind nur noch wenige Atome groß!

 Man unterscheidet Transistoren in zwei große Kategorien: Bipolar-Transistoren und Feldeffekttransistoren.

Halbleiter: PN-Übergang, Diode, Transistor

Die Wirkungsweise ist sehr ähnlich, die physikalischen Effekte, die dahinterstecken, sind allerdings grundlegend verschieden. Der Bipolar-Transistor wird nicht nur als Schalter, sondern auch als Stromverstärkung verwendet, der Feldeffekttransistor hingegen fast ausnahmslos als Schalter.

8.4 Der bipolare Transistor

Man erhält einen Bipolartransistor, indem man zwei Dioden gegenpolig verschaltet. Dadurch entstehen drei unterschiedlich geladene Zonen.

Je nachdem, wie herum man die Dioden verschaltet, entstehen zwei n-dotierte Zonen und eine p-dotierte Zone in der Mitte (NPN-Transistor) oder zwei p-dotierte Zonen und eine n-dotierte Zone in der Mitte (PNP-Transistor).

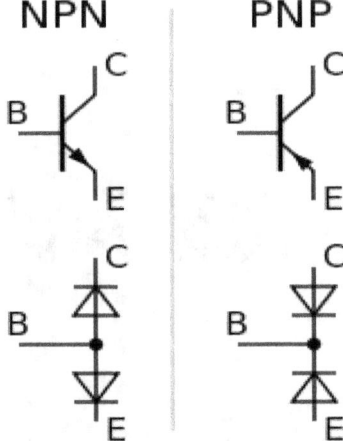

Abbildung 42 Aufbau und Schaltsymbol eines NPN- und PNP-Transistors

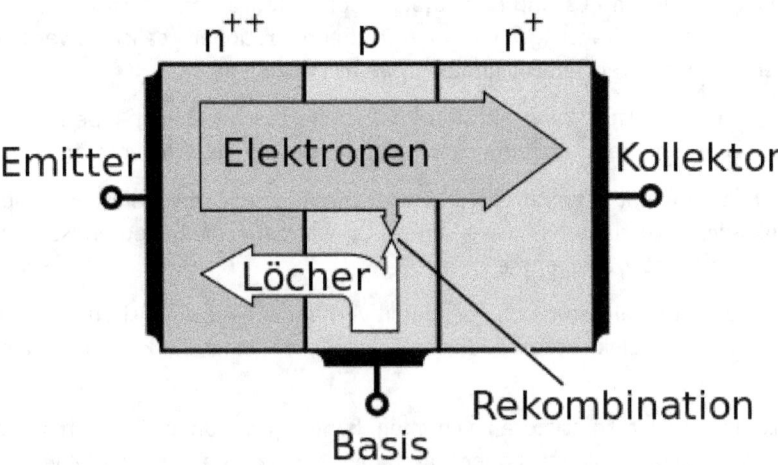

Abbildung 43 Aufbau eines NPN-Transistors

Halbleiter: PN-Übergang, Diode, Transistor

Dort, wo der Strom zufließt, sitzt der Kollektor C. Am Kollektor wird die Betriebsspannung angelegt. In der Mitte sitzt die Basis B. Der „Ausgang" eines Transistors wird als Emitter E bezeichnet.

Bei der Abbildung handelt es sich um einen NPN-Transistor. Kollektor und Basis sind n-dotiert. n+, bzw. n++ bedeutet, dass sie besonders stark n-dotiert sind.

 Im Aus-Zustand ist der Transistor nicht leitfähig, schließlich besteht er aus zwei sperrenden Dioden.

Indem man an die Basis eine positive Spannung anlegt, werden die Elektronen vom Emitter zur Basis gezogen.

 Das Verarmungsgebiet wird mit Elektronen überschwemmt, und ein Strom kann vom Kollektor zum Emitter fließen. Der Transistor leitet.

Der PN-Übergang oder NP-Übergang, der eigentlich nicht leitfähig ist, wird leitfähig, sodass die Elektronen vom Kollektor durch die beiden PN/NP-Übergänge fliesen können. Anschließend fließen die Elektronen durch den Emitter hin zum niedrigeren Potenzial. Der Name des Bipolar-Transistors kommt daher, da sowohl positive als auch negative Ladungsträger am „Stromtransport" beteiligt sind.

Beim Transistor gilt auch wieder, dass der Strom im Ein-Zustand von der Basis zum Emitter nicht begrenzt wird, da der PN-Übergang in Flussrichtung keinen Widerstand besitzt.

Es wird ein zusätzlicher Widerstand zur Strombegrenzung benötigt, ein Basisvorwiderstand, da man sonst einen enorm hohen Strom riskiert. Wie bei der Diode fallen im leitenden Zustand zusätzlich 0,7 V zwischen der Basis und dem Emitter ab.

 Ein NPN-Transistor wird leitfähig, wenn zwischen Basis und Emitter eine Spannung von mindestens 0,7 V anliegt.

In der Realität wird ein Transistor nicht schlagartig leitfähig. Ab einer Basis-Emitter-Spannung von circa 500 mV beginnt er langsam, Elektronen anzusaugen. Bei einer Basis-Emitter-Spannung von 0,7 V ist er vollkommen durchgeschaltet. Kollektor und Emitter sind im leitenden Zustand quasi auf demselben Potenzial. Die Spannung von Kollektor zum Emitter im durchgeschalteten Zustand liegt bei circa 0,2 V. Dies nennt man Sättigungsspannung.

Die Problematik mit dem Begrenzen des Stroms von der Basis zum Emitter umgeht man mit dem Feldeffekttransistor, der fundamental anders aufgebaut ist und doch ähnliche Eigenschaften aufweist.

8.5 Der Feldeffekttransistor

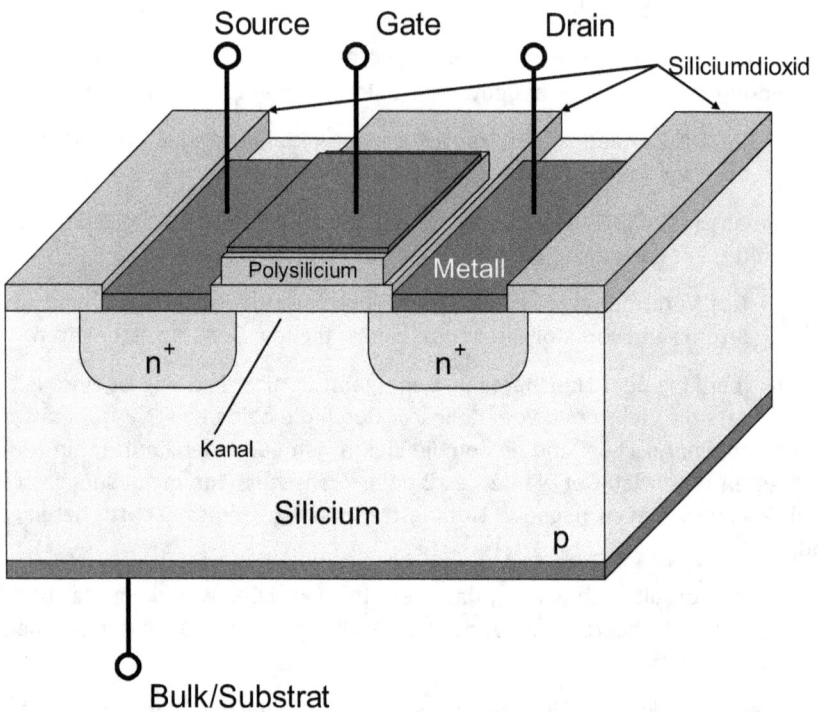

Abbildung 44 Aufbau eines Feldeffekttransistors

Der Feldeffekttransistor, kurz FET, funktioniert grundlegend anders als ein Bipolartransistor. Wie der Name es verrät, wird hier ein Feld, und zwar das elektrische Feld, zum Ein- und Ausschalten des Transistors verwendet.

Die Begriffe der Anschlüsse beim Feldeffekttransistor sind ebenfalls unterschiedlich. Statt Kollektor nennt man den oberen Eintrittspunkt Source S (Quelle), die Basis entspricht dem Gate G (Tor), und der Emitter wird durch das Drain D („Abfluss) ersetzt. Source und Drain sind jeweils n-dotiert, also haben einen Elektronenüberschuss.

💡 Das Gate ist durch eine dünne Isolationsschicht aus Siliciumdioxid getrennt. Es ist daher elektrisch nicht mit dem Rest des Transistors verbunden.

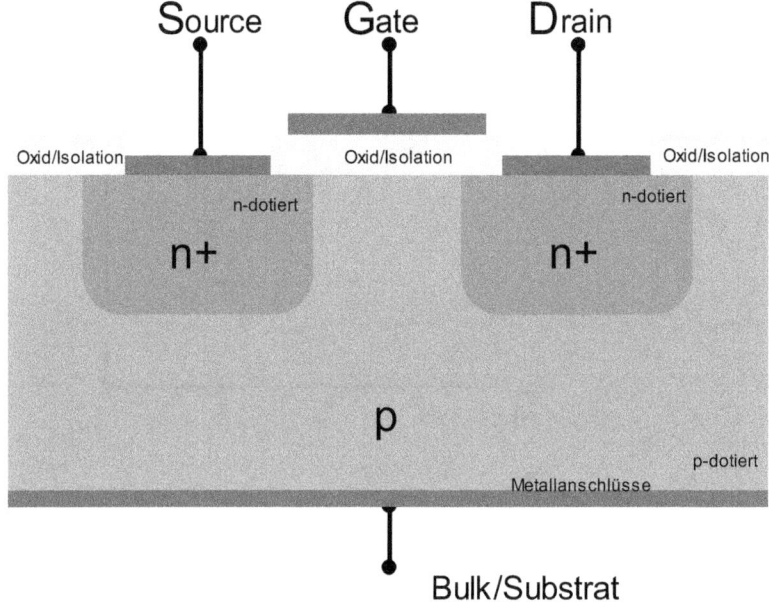

Abbildung 45 Aufbau eines N-FETs

Wird eine positive Spannung, also ein Protonenüberschuss, angelegt, entsteht ein elektrisches Feld vom Gate zum p-dotierten Trägermaterial. Die Elektronen werden „angesaugt", und es bildet sich ein leitfähiger Kanal zwischen Drain und Source.

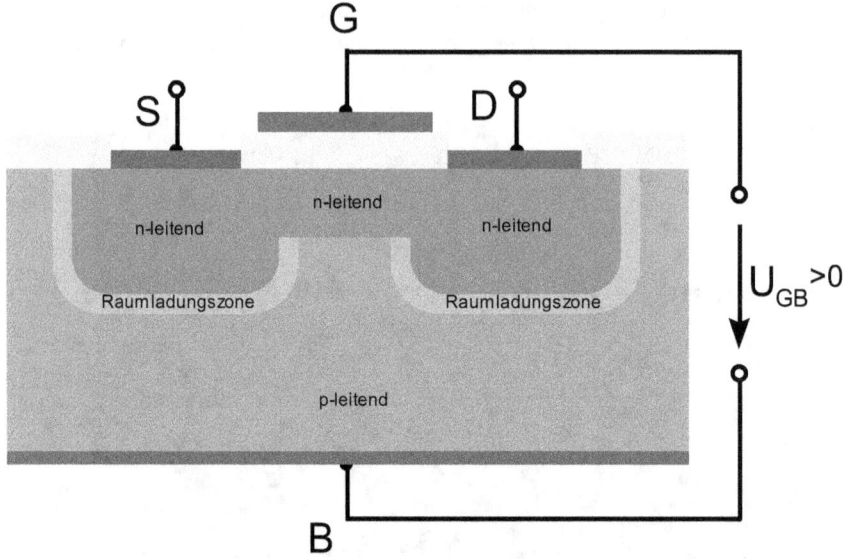

Abbildung 46 Aufbau eines N-FETs

 Ähnlich wie beim Bipolartransistor kann man die Polaritäten tauschen, das bedeutet, dass Source und Drain positiv und das Substrat negativ dotiert ist.

Außerdem unterteilt man FETs in Transistoren, die standardmäßig eingeschaltet sind, und FETs, die standardmäßig ausgeschaltet sind.

 Im Ein-Zustand bildet sich dann ein positiver Kanal aus. Entsprechend spricht man von einem n-Kanal oder p-Kanal FET.

Eine andere Ausführung ist der MOSFET (Metall-Oxid-Halbleiter-Feldeffekttransistor).

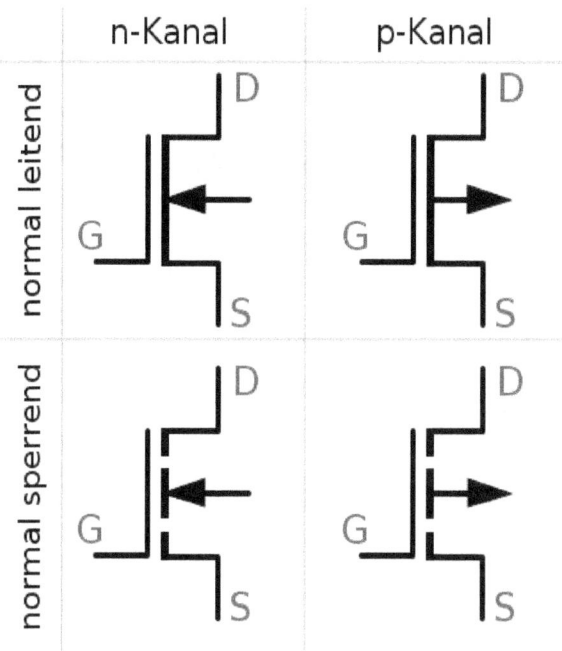

Abbildung 47 Schaltsymbole n-Kanal und p-Kanal FET

In unserem Netzteil sind auch Transistoren verbaut, vorrangig MOSFETs als Schalttransistoren. Sie schalten tausende Male pro Sekunde ein und aus und können so aus einer hohen Eingangsspannung die benötigte Ausgangsspannung heruntertransformieren. Da beim Schalten Verluste entstehen, die sich in Wärme äußern, sind die Transistoren an einen Kühlkörper geschraubt.

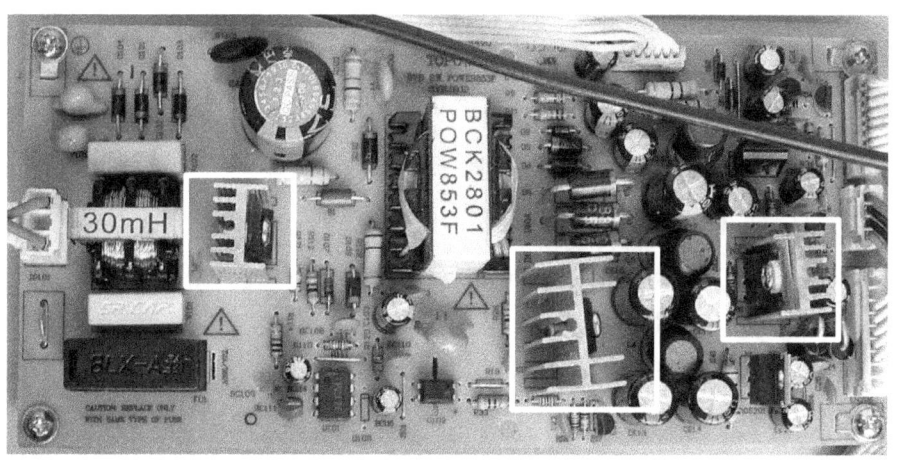

9 Der Kondensator

Abbildung 48 Verschiedene Kondensatorbauformen

Der Kondensator ist ein sehr häufig verwendetes Bauelement und mehrfach in jeder Schaltung zu finden. Er ist ein passives Bauelement, benötigt also keine Stromversorgung. Weiterhin hat er ähnlich wie eine Batterie die Fähigkeit, elektrische Ladungen zu speichern, jedoch nur für kürzere Zeitspannen. In unserem Wassermodell wäre ein Kondensator ein zusätzliches Wasserbecken, das kurzzeitig eine Menge Wasser aufnehmen und wieder abgeben kann. Dadurch kann er beispielsweise inkonstante Wasserzuläufe ausgleichen.

Verschiedene Schaltzeichen für Kondensatoren

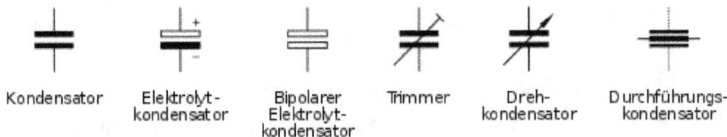

Abbildung 49 Schaltzeichen für verschiedene Kondensatorentypen

Es gibt viele unterschiedliche Kondensatoren: Keramikkondensatoren, Elektrolytkondensatoren, Drehkondensatoren oder Trimmkondensatoren. Der Aufbau dieser Bauelemente ist prinzipiell derselbe und recht einfach zu verstehen.

> 💡 Zwei elektrisch leitfähige Flächen, die Elektroden, stehen sich gegenüber, sind jedoch durch eine Isolierung, dem Dielektrikum, getrennt.

Da er vom Aufbau am einfachsten ist, nehmen wir als Beispiel den Plattenkondensator. Bei ihm sind zwei flache Platten gegenüberliegend angebracht:

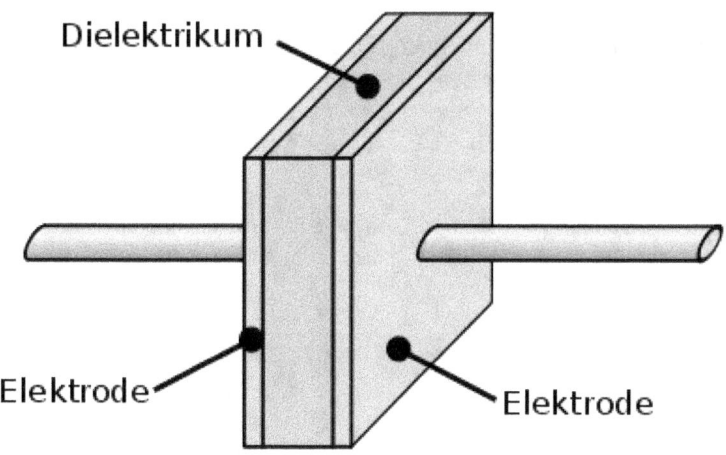

Abbildung 50 Aufbau eines Plattenkondensators

Die Anschlüsse bzw. Platten werden dabei als Elektroden bezeichnet.

Wird an den Kondensator eine Spannung angelegt, gelangen Ladungsträger auf die Platten. Dadurch bildet sich ein elektrisches Feld aus.

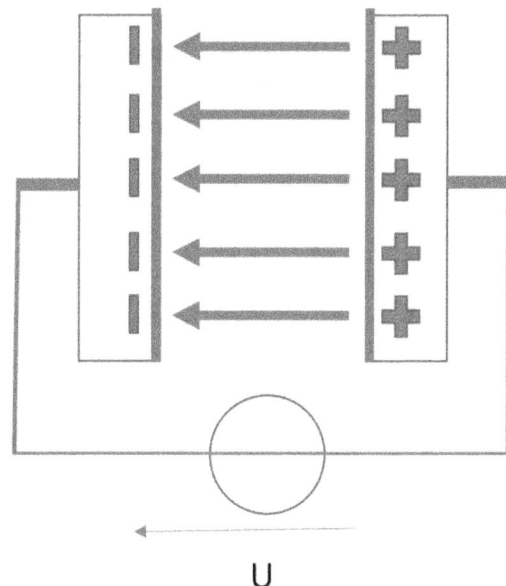

Abbildung 51 Aufbau des homogenen E-Feldes im Plattenkondensator

Wird die Spannung erhöht, werden mehr Ladungsträger auf die Platten gezogen, entsprechend wird eine höhere Ladung Q auf den Platten gespeichert.

Der Kondensator

Die Ladung, die auf den Platten gespeichert wird, ist daher abhängig von der angelegten Spannung U. Dabei handelt es sich um einen proportionalen Zusammenhang zwischen Spannung und Ladung, die durch eine Proportionalitätskonstante ausgedrückt werden kann. Diese Konstante ist bei jedem Kondensator unterschiedlich und durch die Bauform, die Größe, das Material und viele weitere Faktoren bestimmt.

 Die Konstante, die den Zusammenhang zwischen Spannung und Ladung angibt, heißt Kapazität C. Ihre Einheit ist das Farad F.

$$Q = U \cdot C$$

Eine Eselsbrücke erhält man, wenn man die Gleichung umschreibt zu

$$Q = C \cdot U$$

 Die Eselsbrücke zum Errechnen der Ladung auf einem Kondensator ist „Kuh = Kuh".

Zum Bestimmen der Kapazität stellen wir die Formel nach der Kapazität C um.

$$C = \frac{Q}{U}$$
$$1\,F = \frac{1\,C}{1\,V}$$

 Die Kapazität ist ein Maß für die Speicherung von elektrischer Ladung, nicht von Energie. Umgangssprachlich wird jedoch oftmals keine Unterscheidung getroffen.

Bei einem Plattenkondensator ist die Kapazität leicht durch die Bauform zu berechnen. Dazu gehen wir von zwei Annahmen aus:

1. Je größer die Plattenflächen, desto mehr Ladung kann bei gleicher Spannung gespeichert werden. Die Kapazität ist proportional zur Plattenfläche d $C \sim A$.

2. Je weiter die Platten auseinander sind, desto weniger Ladung kann bei gleicher Spannung gespeichert werden. Die Kapazität ist antiproportional zum Plattenabstand d $C \sim \frac{1}{d}$

Ergänzt wird die Formel durch eine Naturkonstante des elektrischen Feldes sowie ε_0 einer Konstante des Dielektrikums ε_r.

$$C = \varepsilon_0 \cdot \varepsilon_r \cdot \frac{A}{d}$$

ε_0 heißt elektrische Feldkonstante und hat den numerischen Wert von $8{,}85 \cdot 10^{-12} \frac{As}{Vm}$.

ε_r wird als relative Permittivität bezeichnet und ist materialabhängig. Im Vakuum oder in der Luft ist $\varepsilon_r = 1$. Papier hat ein ε_r von eins bis vier, Wasser von circa 80 und gute Isolatoren bis über 10.000.

 In der Realität sind die Kapazitäten von Kondensatoren verhältnismäßig klein. Die Größenordnung der Kapazität liegt im Micro-, Nano-, oder Picofarad-Bereich.

9.1 Aufladen eines Kondensators

Wir haben bereits gelernt, dass ein Kondensator Ladungen und damit elektrische Energie speichern kann. Schließt man einen Kondensator an eine Spannungsquelle an, werden Ladungsträger auf den Platten gespeichert. Im Folgenden möchten wir anschauen, wie lange ein Kondensator braucht, um sich auf- und zu entladen und wie viel Energie gespeichert werden kann.

Alle folgenden Herleitungen für den Kondensator werden gemacht, um das Grundverständnis zu schulen. Die elektrotechnischen Effekte treten beim Laden von elektrischen Speichern stets auf, unabhängig davon, ob es sich um einen einfachen Plattenkondensator im Schaltkreis, den Akku vom neuesten Smartphone oder den 75 kWh-Akku vom E-Auto handelt. Die Funktionsweisen, Lade- und Entladekurven sind analog zum einfachen Plattenkondensator.

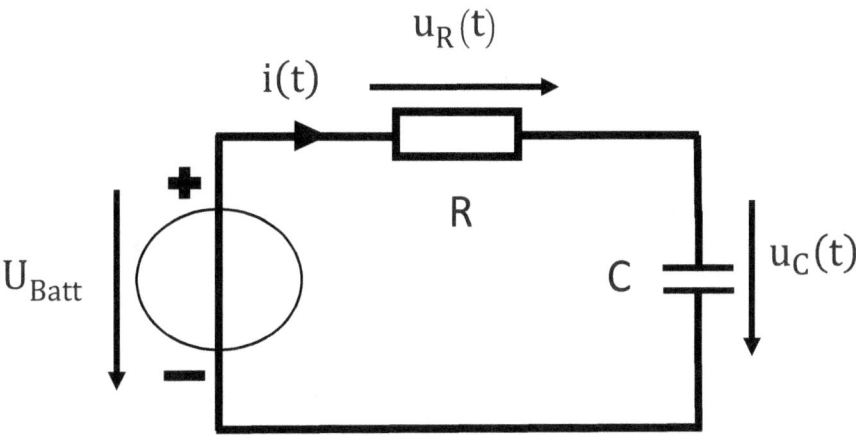

Abbildung 52 Schaltung zum Laden eines Kondensators

Der Kondensator

Um die Aufladevorgänge zu verstehen, nehmen wir die einfachste Schaltung mit einem Kondensator, einer Spannungsquelle, hier eine einfache Batterie, und einem Widerstand an. Warum wir den Widerstand unbedingt benötigen, sehen wir später noch.

    Bei dieser kombinierten Schaltung von Kondensator und Widerstand spricht man auch von einem RC-Glied.

Wir suchen die Funktionen, $u_C(t)$ sowie, $i(t)$ die von der Zeit t abhängen und die Kondensatorspannung sowie den Strom in der Schaltung während des Ladeprozesses beschreiben.

Warum wird der Strom $i(t)$ und nicht $i_C(t)$ genannt?

    Theoretisch wäre $i_C(t)$ auch korrekt, jedoch gibt es in der gesamten Schaltung nur einen einzigen Strom. Derselbe Strom fließt durch den Widerstand und den Kondensator, deshalb ist eine Unterscheidung durch eine Indizierung nicht erforderlich.

Herleitung

Dazu schauen wir uns die Schaltung noch einmal genau an, und wenden die zweite Kirchhoffsche Regel, den Maschensatz, an. Wir durchlaufen eine Masche über alle drei Spannungen $u_R(t), u_C(t)$ und U_{Batt}.

$$U_{Batt} - u_R(t) - u_C(t) = 0$$

$$U_{Batt} = u_R(t) + u_C(t)$$

Anhand dieser Gleichung gehen wir jetzt drei Zeitpunkte bzw. Zeitabschnitte während des Ladens durch.

Zum Zeitpunkt $T_0 = 0\,s$ wird die Spannungsversorgung angeschlossen und der Kondensator lädt sich auf.

1. $T_1 = T_0 = 0\,s$

Der Kondensator ist noch komplett „leer" und kann viele Ladungsträger aufnehmen. Die Spannung, die am Kondensator anliegt, ist Null, da noch keine Ladung anliegt. $U_c = \frac{Q}{C} = 0$, $U_R = U_{Batt}$

    In diesem Moment ist der Kondensator für den Strom kein Widerstand. Der Strom fließt, als wäre der Kondensator nicht da.

Der Strom ergibt sich dann zu $I = \frac{U_R}{R} = \frac{U_{Batt}}{R}$

Wir sehen auch gleich, warum der Widerstand notwendig ist. Er begrenzt den Ladestrom zu Beginn des Aufladevorgangs. Ohne den Widerstand wäre ein praktischer Kurzschluss vorhanden. Im schlimmsten Fall explodiert der Kondensator oder die Spannungsquelle versagt.

2. $T_0 < t < \infty$

Mit der Zeit lädt der Kondensator sich auf. Immer mehr Ladungsträger werden auf die Platten gedrückt. Jedoch können nicht beliebig viele Ladungsträger auf die Platten geladen werden, denn die bereits auf den Platten befindlichen Ladungsträger stoßen die nachlaufenden ab. Es fließen also immer weniger neue Ladungsträger nach; entsprechend nimmt der Strom immer weiter ab, und die Kondensatorspannung steigt stetig an.

3. $t \to \infty$

Warten wir nur lange genug, sind die Platten des Kondensators voll mit Ladungsträgern. Die Spannungsquelle kann keine weiteren Ladungsträger auf die Platten drücken. Der Strom ist hier entsprechend null. Da kein Strom mehr fließt, fällt am Widerstand keine Spannung mehr ab. $U_R = I \cdot R$

Die gesamte Spannung liegt nun am Kondensator an.

$U_{Batt} = U_c$ und $I = 0$

 Der Kondensator blockiert das Fließen von Ladungsträgern, ist also ein unendlich großer Widerstand für den Stromkreis.

Man müsste die Spannung der Batterie erhöhen, um zusätzliche Ladungen auf den Kondensator zu drücken.

 Um die Funktion zu erhalten, die uns die Kondensatorspannung und den Strom in der Schaltung angibt, nehmen wir noch einmal unsere Maschenformel vor:

$U_{Batt} = u_R(t) + u_c(t)$

Bei dieser ersetzen wir $u_R(t) = i(t) \cdot R$ und $u_{c(t)} = \frac{q(t)}{C}$ und erhalten

$U_{Batt} = i(t) \cdot R + \frac{q(t)}{C}$

Außerdem wissen wir, dass der Strom die Ladung pro Zeitintervall darstellt. Als Differenzial schreiben wir $I = \frac{dQ}{dt}$

Das dt steht für eine unendlich kleine, zeitliche Veränderung.

Wir erhalten eine sogenannte Differenzialgleichung.

$U_{Batt} = \frac{dq(t)}{dt} \cdot R + \frac{q(t)}{C}$

Das Lösen der Differenzialgleichung überlassen wir den Mathematikern, für uns sind nur die Herleitung und die Lösung von Bedeutung. Löst man die Differenzialgleichung nach q(t) und ersetzt die Ladung durch Strom und Spannung, erhalten wir eine Funktion für die Spannung sowie den Strom am Kondensator. Die Lösung der Differenzialgleichung lautet:

$$u_C(t) = U_{Batt} \cdot \left(1 - e^{\left(-\frac{t}{R \cdot C}\right)}\right)$$

$$i_C(t) = \frac{U_{Batt}}{R} \cdot e^{\left(-\frac{t}{R \cdot C}\right)}$$

Wir sehen, dass eine **e – Funktion** den Aufladevorgang des Kondensators beschreibt, und dass das Aufladen länger dauert, wenn der Kondensator eine höhere Kapazität besitzt, da er dann mehr Ladungsträger speichern kann.

Außerdem ergibt sich, dass der Ladevorgang länger dauert, wenn der Widerstand größer ist, da er für die Ladungsträger ein Hindernis darstellt und den Stromfluss reduziert.

💡 Das Produkt aus Kapazität C und Vorwiderstandswert R nennt man daher auch die Zeitkonstante τ (tau). τ = RC

Schlussendlich tragen wir die Spannung und den Ladestrom im Zeitverlauf auf. Die Zeit wird dabei in Vielfachen der Zeitkonstanten angegeben, da die Ladekurve von dieser abhängt.

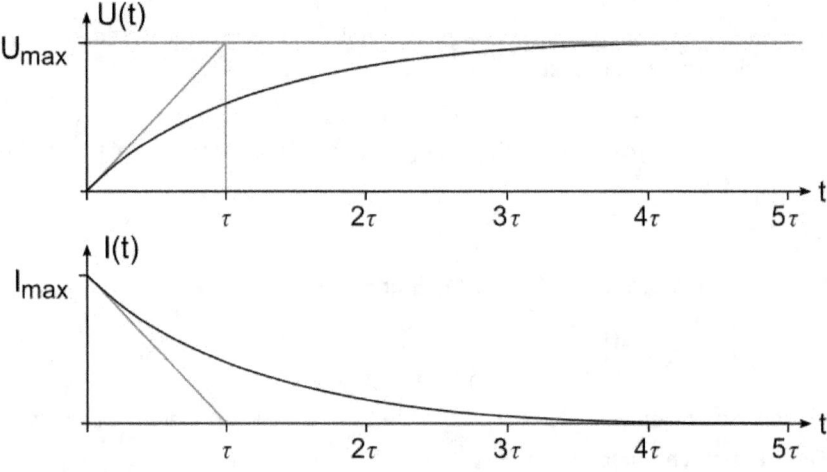

Abbildung 53 Ladekurve eines Kondensators

$U_{max} = U_{Batt}; I_{max} = \frac{U_{Batt}}{R}$

Tau beschreibt nicht, wie lange der Kondensator braucht, bis er vollständig geladen ist!

 Beispiel: Ist τ = 5s, ist der Kondensator nach 5 Sekunden nicht voll geladen, sondern nur zu circa 63,7 % ($0{,}637 = e^{-1}$). Nach 10 s = 2 τ ist er circa 86 % ($0{,}86 = e^{-2}$), nach 15 s = 3 τ zu fast 95 % und nach 25 s = 5 τ zu knapp 99,3 % geladen.

 Theoretisch ist ein Kondensator niemals zu 100 % geladen. In der Praxis ist es zumeist vollkommen ausreichend zu sagen, dass ein Kondensator nach mehr als 5 τ vollgeladen ist.

9.2 Entladen des Kondensators

Das Entladen eines Kondensators verläuft analog zum Ladevorgang. Dafür nehmen wir wieder die einfachste Schaltung mit einem Kondensator und einem Widerstand an. Zu Beginn des Entladevorgangs ist der Kondensator auf Niveau der Batteriespannung aufgeladen. $U_C = U_{Batt}$. Danach wird die Spannungsversorgung getrennt und durch einen Kurzschluss (ein Stück Leitung) ersetzt. Das kann beispielsweise durch einen Schalter realisiert werden, der zwischen Batteriespannung und einem Kurzschluss wechselt.

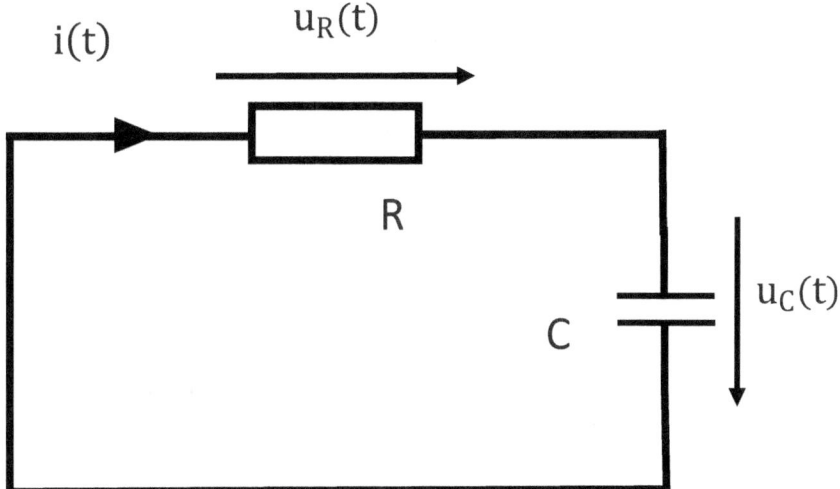

Abbildung 54Schaltung zum Entladen eines Kondensators

Wir suchen wieder die Funktionen $u_C(t)$ sowie, $i_C(t)$ die von der Zeit t abhängen, und die Kondensatorspannung sowie den Strom in der Schaltung während des Entladeprozesses. Die Maschengleichung gibt uns:

$u_R(t) - u_C(t) = 0$

$u_R(t) = u_C(t)$

Bei dieser ersetzen wir $u_R(t) = i(t) \cdot R$ und $u_{C(t)} = \frac{q(t)}{C}$

$i(t) \cdot R = +\frac{q(t)}{C}$

Wir ersetzen $I = \frac{dQ}{dt}$ und erhalten eine Differenzialgleichung.

$\frac{dq(t)}{dt} \cdot R = +\frac{q(t)}{C}$

Wieder überspringen wir tiefergehende mathematische Lösungsansätze und begnügen uns mit der Lösung der Differenzialgleichung.

$u_C(t) = U_{Batt} \cdot e^{\left(-\frac{t}{\tau}\right)}$

$i_C(t) = -\frac{U_{Batt}}{R} \cdot e^{\left(-\frac{t}{\tau}\right)}$

Mit $\tau = RC$ und dem Anfangswert der Kondensatorspannung von U_{Batt}.

tragen wir die Spannung und den Ladestrom im Zeitverlauf grafisch auf:

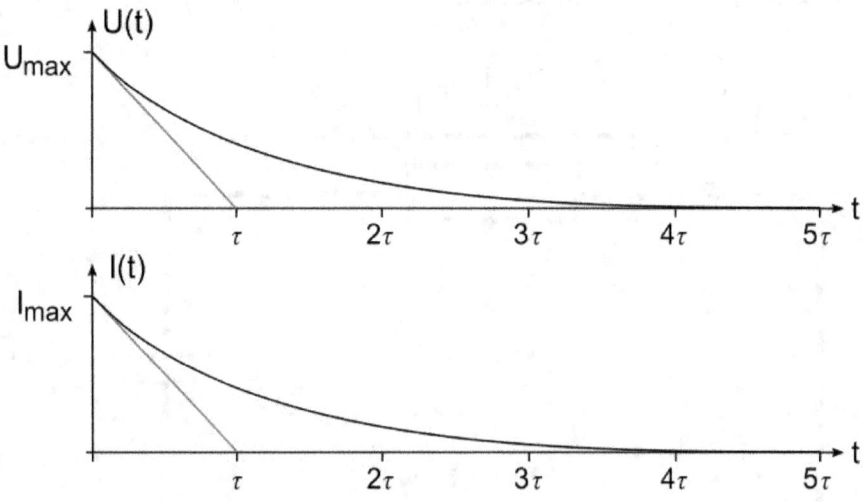

Abbildung 55 Entladekurve eines Kondensators

$$U_{max} = U_{Batt}; I_{max} = -\frac{U_{Batt}}{R}$$

Achtung: Der Strom fließt aus dem Kondensator hinaus, ist daher negativ. Die Grafik zeigt nur den Betrag des Stroms!

Auch hier gilt:

Theoretisch ist ein Kondensator niemals zu 100 % entladen. In der Praxis ist es meistens vollkommen ausreichend zu sagen, dass der Kondensator nach 5 τ entladen ist.

Exkurs: Batterien und Akkus laden

Batterien sind prinzipiell nichts anderes als sehr große Kondensatoren. Obwohl Batterien die Energie chemisch und nicht elektrisch speichern, sind die Auf- und Entladevorgänge ähnlich. Daher müsste man beim Laden von Batterien und Akkus auch einen Widerstand zur Strombegrenzung einsetzen. Der Widerstand würde jedoch nur kostbare elektrische Leistung in ungenutzte Wärme umwandeln.

Bei jeder Auflagung des Akkus würde eine erhebliche Menge an Energie verloren gehen. Deshalb lädt man Akkus nicht an einer festen Spannungsquelle, sondern an einem intelligenten Lader. Dieser Lader, beispielsweise das 5V-Netzteil für unser Smartphone, begrenzt den Strom, sodass der Akku keinen Schaden nimmt. Dadurch kann der Strom ohne Ladewiderstand limitiert werden.

9.3 Wie viel Energie kann ein Kondensator speichern?

Wir wissen, wie viele Ladungen ein Kondensator mit der Kapazität C aufnehmen kann, nämlich $Q = U \cdot C$

Aber wie viel Energie ist im Kondensator in vollgeladenem Zustand gespeichert?

Die Energie wird im elektrischen Feld des Kondensators gespeichert. Die Energiemenge lässt sich dabei errechnen zu

$$E = \frac{1}{2} \cdot Q \cdot U$$

Mit $Q = U \cdot C$ erhalten wir

$$W_{el} = \frac{1}{2} \cdot C \cdot U^2$$

Wie lange benötigt ein Kondensator mit einer Kapazität von 100 nF und einem Ladewiderstand von 1 kOhm, bis er vollständig aufgeladen ist? Wie groß ist dann der Strom, der in den Kondensator fließt, wenn 9 V angelegt werden?

Lösung: Nach circa fünf Zeitkonstanten ist der Kondensator aufgeladen. $5\,\tau = 5 \cdot RC = 5 \cdot 1000\,\Omega \cdot 100\,nF = 500\,\mu s$
Der Strom ist dann zu null geworden.

 Wie lange benötigt derselbe Kondensator, bis er entladen ist?

Lösung: Genauso lange wie beim Laden, also 500 µs

 Warum benötigt man beim Laden für den Kondensator einen Vorwiderstand?

Lösung: Um den maximalen Ladestrom zu begrenzen.

 Wie viel Energie kann ein Kondensator mit 200 µF bei einer Spannung von 4 kV speichern?

Lösung: $W_{el} = \frac{1}{2} \cdot C \cdot U^2 = \frac{1}{2} \cdot 200\,\mu F \cdot (4\,kV)^2$

$$= \frac{1}{2} \cdot 200 \cdot 10^{-6}\,F \cdot 16 \cdot 10^6\,V^2 = 1600 F\,V^2 = 1,6\,kJ$$

9.4 Einsatzgebiet von Kondensatoren

Wir haben gesehen, dass Kondensatoren hervorragend Ladungen speichern können, jedoch nur für eine kurze Zeit. Das macht Kondensatoren perfekt, um Spannungen und Ströme zu stützen.

Kann eine Spannungsquelle nicht die benötigte Strommenge zur Verfügung stellen, dient der Kondensator als Pufferspeicher.

Er gibt bei Bedarf in kurzer Zeit viel Energie ab. Danach, wenn wenig Last anliegt, lädt er sich wieder auf.

 Solche Stützkondensatoren sind fast immer parallel zu Versorgungsspannungen verbaut, um diese zu stützen.

Beispielsweise in Netzteilen, auf Platinen oder Haushaltsgeräten. Sie schützen vor Überspannungsspitzen oder falls kurzzeitig die Versorgungsspannung einbricht, beispielsweise durch einen großen Lastsprung am Verbraucher.

Weiterhin werden Kondensatoren zum Filtern von hohen Frequenzen eingesetzt, beispielsweise bei Anwendungen wie der Datenverarbeitung oder Audioverstärkung.

Bezogen auf unser Netzteil sehen wir eine ganze Menge Kondensatoren, die sowohl die Eingangsspannung als auch die Ausgangsspannung stützen.Weiterhin sind zahlreiche Kondensatoren zum Filtern von Störspannungen verbaut.

10 Die Spule

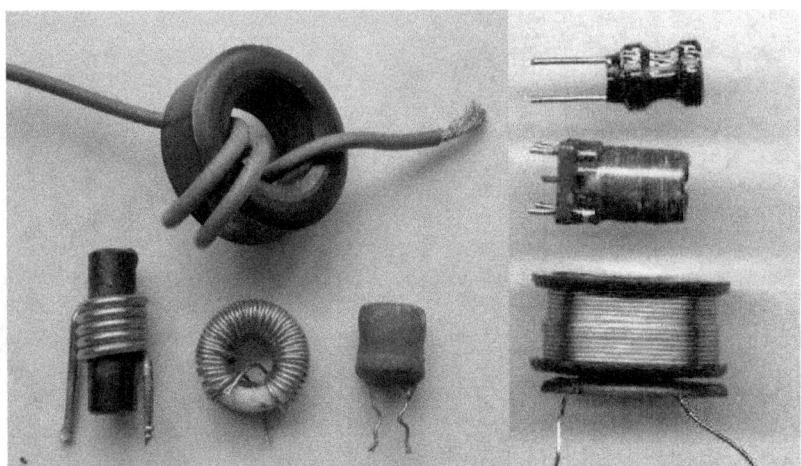

Abbildung 56 Verschiedene Spulenbauformen

Die Spule ist neben dem Kondensator ebenfalls ein sehr häufig verwendetes Bauelement und mehrfach in jeder Schaltung zu finden. Jedoch sind Spulen deutlich teurer, sowohl vom Material als auch in der Produktion. Deswegen wird beim Schaltungsdesign versucht, dieses Bauelement zu minimieren und ggf. durch Kondensatoren oder Widerstände zu ersetzen.

Genau wie der Kondensator ist die Spule ein passives Bauelement. Sie hat die Fähigkeit, elektrische Energie zu speichern.

Dafür nutzt sie aber kein elektrisches, sondern ein magnetisches Feld. Auch hier gilt wieder, dass die Energie nur für eine kurze Zeit gespeichert werden kann. Die Spule kann man in einem Schaltplan auf zwei verschiedene Arten zeichnen:

Abbildung 57 Schaltsymbole einer Spule

 Eine Spule ist nichts anderes als ein Draht, der mehrfach um einen Körper gewickelt wird.

Meistens ist die Spule auf einem magnetisch gut leitenden Material wie Eisen oder Ferrit aufgewickelt. Es sind jedoch auch Luftspulen möglich, also Spulen ohne Wickelkörper.

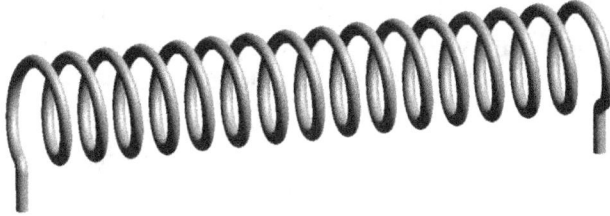

Abbildung 58 Aufbau einer Luftspule

Als einfachsten Aufbau ziehen wir eine Zylinderspule heran. Dabei wird ein Draht auf einen Zylinder mit rundem Querschnitt gewickelt. In der Abbildung wurde der Kern anschließend entfernt, es handelt sich also um eine Luftspule.

Fließt ein Strom durch die Spule, wird dadurch ein magnetisches Feld aufgebaut. Das magnetische Feld, das sich ausbildet, ist abhängig von dem Strom, der durch die Spule fließt.

 Analog zur Kapazität des Plattenkondensators ist die charakteristische Größe einer Spule ihre Selbstinduktivität, Eigeninduktivität oder einfach nur Induktivität L.

Diese gibt an, wie „gut" die Spule ein magnetisches Feld aufbauen kann. Im Umgangssprachlichen wird daher teilweise von einer Induktivität statt einer Spule gesprochen. Die Einheit der Induktivität ist das Henry H, benannt nach dem amerikanischen Mathematiker Joseph Henry.

$$1\,H = 1\,\frac{kg \cdot m^2}{A^2 \cdot s^2}$$

Die Induktivität ist bei jeder Spule unterschiedlich und durch die Bauform, die Größe und viele weitere Faktoren bedingt.

Bei einer Zylinderspule ist die Induktivität relativ leicht zu berechnen.

$$L = \mu_0 \cdot N^2 \cdot \frac{A}{l}$$

Dabei ist μ_0 die Konstante des magnetischen Feldes.

Die Spule

Bei der Formel handelt es sich um eine Näherungsgleichung, die für lange Zylinderspulen gilt. In der Praxis steht der Wert der Spule auf dem Bauteil. Beim Selbstwickeln von Spulen kann daher diese Formel verwendet werden.

In der Realität sind die Induktivitäten von Spulen verhältnismäßig klein. Die Größenordnung der Induktivität liegt im Milli, Micro-, Nanohenry-Bereich.

In unserem Wassermodell entspricht die Spule einem Schaufel- oder Schwungrad mit großer Masse. Im Gegensatz zum Verbraucher dient es nicht dazu, Energie aus dem Kreislauf zu entnehmen, sondern läuft passiv mit dem Wasserstrom mit. Aufgrund der hohen Masse ist es jedoch sehr träge. Zu Beginn muss das Wasser das Schaufelrad erst anschieben. Es wird also gebremst, bis das Schaufelrad in Schwung kommt. Wird die Pumpe danach ausgeschaltet, läuft das Rad wegen der Massenträgheit noch eine bestimmte Zeit weiter und treibt das Wasser weiterhin an. Wir sehen, dass der Wasserstrom nicht abrupt anlaufen oder stoppen kann. Das Schaufelrad würde das Wasser weiter aufhalten oder weiter anschieben.

10.1 Magnetische Kopplung

Eine weitere Eigenschaft von Spulen ist die Übertragung von Energie von einer Spule auf eine andere. Stellen wir uns dazu einen zweiten Wasserkreislauf vor. In jedem Kreislauf ist ein Schwungrad angebracht, wobei beide Schwungräder über eine Welle miteinander verbunden sind. Wird ein Schwungrad angetrieben, wird automatisch das andere angetrieben und versetzt den zweiten Wasserkreislauf in Schwung. Über die Welle wurde Energie aus einem Kreislauf in den anderen übertragen, ohne dass die Wasserströme verbunden wurden.

Im Stromkreis stellt das magnetische Feld die „Welle" dar. Für eine magnetische Kopplung werden zwei Spulen auf einen gemeinsamen Kern gewickelt.

Fließt ein Strom durch eine der Spulen, wird ein magnetisches Feld aufgebaut. Dieses induziert in der zweiten Spule eine Induktionsspannung sowie einen Stromfluss. Man spricht hierbei von einem Transformator, kurz Trafo. Bei einem Transformator wird kontaktlos Energie von einer Spule auf eine andere übertragen.

Die Abbildung zeigt wieder das bekannte Netzteil. Die markierte Spule ist auf einem Ferritkern aufgewickelt und dient als Eingangsfilter. In der Mitte sehen wir eckig eingerahmt einen Transformator, der aus zwei ineinander gewickelten Spulen besteht.

10.2 Einschaltvorgang einer Spule

Um das Aufladen von Spulen zu verstehen, überlegen wir zunächst, welche Eigenschaften eine Spule beim Anlegen einer Spannung besitzt. Dazu wenden wir unser Wassermodell an. Wir wissen bereits, dass man sich die Spule als Schaufelrad mit einer sehr großen Masse vorstellen kann.

Fängt die Pumpe an zu arbeiten, blockiert das Rad das Wasser. Es beginnt sich langsam zu drehen, bremst das Wasser dabei aber noch weiterhin ab. Dabei nimmt das Schaufelrad Energie auf.

Analog dazu drosselt die Spule im elektrischen Kreis den Stromfluss.

 Da die Spule den Stromfluss drosselt, nennt man eine Spule auch Strom-Drossel oder nur Drossel.

Sukzessiv kommt das Schaufelrad in Fahrt und dreht genauso schnell wie das Wasser fließt. Es ist nahezu kein Hindernis mehr für den Wasserkreislauf.

Wir haben bereits gelernt, dass eine Spule ein magnetisches Feld erzeugt und damit Energie speichern kann. Schließt man an die Spule eine Spannungsquelle an, beginnt ein Strom zu fließen.

Im Folgenden wollen wir anschauen, wie lange eine Spule braucht, um das magnetische Feld vollkommen aufzubauen. Man sagt, bis sich die Spule vollkommen aufgeladen hat.

Die Spule

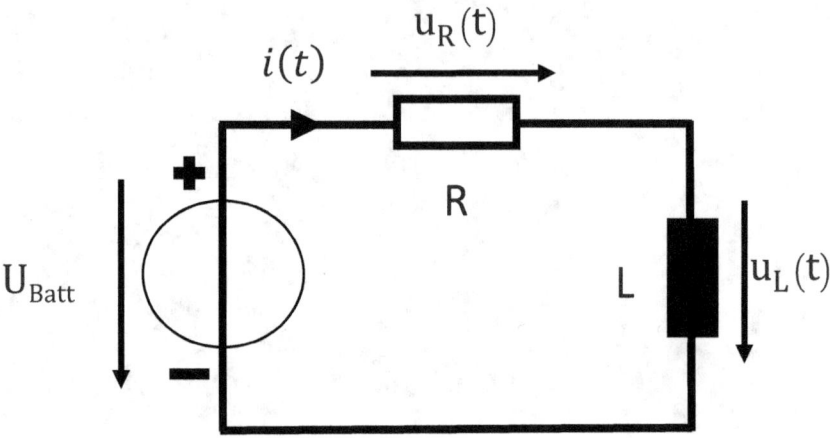

Abbildung 59 Schaltung zum „Laden" einer Spule

Alle folgenden Herleitungen für die Spule werden gemacht, um das Grundverständnis des Aufladevorgangs zu erläutern. Dazu wird die einfachste Schaltung mit einer Spule, einem Widerstand und einer Spannungsquelle, hier eine einfache Batterie, angenommen.

💡 Bei dieser kombinierten Schaltung von Spule und Widerstand spricht man auch von einem RL-Glied.

Wiederum suchen wir die Funktionen, $u_L(t)$ sowie $i(t)$ die von der Zeit t abhängen und dabei die Spulenspannung sowie den Spulenstrom in der Schaltung während des Ladeprozesses beschreiben.

Herleitung

Dazu schauen wir uns die Schaltung noch einmal genau an und wenden die zweite Kirchhoffsche Regel, den Maschensatz, an. Wir durchlaufen eine Masche über alle drei Spannungen $u_R(t)$, $u_L(t)$ und U_{Batt}.

$$U_{Batt} - u_L(t) - u_R(t) = 0$$

$$U_{Batt} = u_L(t) + u_R(t)$$

Anhand dieser Gleichung können wir drei Zeitpunkte bzw. Zeitintervalle plausibel erläutern.

Zum Zeitpunkt $T_0 = 0s$ wird die Spannung angelegt und die Spule lädt sich auf.

1. $T_1 = T_0 = 0s$

Zum Zeitpunkt 0s finden viele Effekte statt, die im Kapitel Elektromagnetismus erläutert wurden. Fällt das Nachvollziehen der folgenden Abläufe schwer, empfiehlt es sich, dort noch einmal nachzuschlagen.

1. Die Spannung liegt an, der Strom beginnt zu fließen.

2. In der Spule baut sich ein Magnetfeld auf.

3. Der Aufbau des Magnetfelds entspricht der Änderung des magnetischen Flusses.

4. Das bedeutet, es wird eine Spannung U_{ind} induziert.

$$U_{ind} = -\frac{d(B \cdot A)}{dt}$$

5. Nach der Lenz'schen Regel wirkt diese Spannung ihrer Ursache entgegen, dem Magnetfeldanstieg (Stromanstieg).

6. Dadurch fließt zum Zeitpunkt 0s kein Strom, und am Widerstand fällt keine Spannung ab $U_{Batt} = U_L = -U_{ind}$

2. $T_0 < t < \infty$

Mit der Zeit baut sich das magnetische Feld auf. Immer mehr Energie wird gespeichert. Der Strom in der Schaltung steigt entsprechend an, die Spannung $u_L(t)$ nimmt ab und die Spannung $u_R(t)$ nimmt zu.

3. $t \to \infty$

Warten wir lange genug, ist der maximale Stromwert erreicht. Das magnetische Feld wurde vollständig aufgebaut. Am Widerstand fällt die volle Spannung U_{Batt} ab. $U_{Batt} = U_R$

An der Spule wird keine Spannung mehr induziert und die Spulenspannung ist zu null geworden. $U_L = 0$.

Der Strom in der Schaltung ist entsprechend begrenzt durch $I = \frac{U_{Batt}}{R}$.

Um die Funktion zu erhalten, die uns die Spulenspannung und der Strom in der Schaltung angeben, nehmen wir unsere Maschenformel hinzu:

$U_{Batt} = u_L(t) + u_R(t)$

Bei dieser ersetzen wir $u_R(t) = i(t) \cdot R$

Analog zur Kondensatorspannung $u_{C(t)} = \frac{q(t)}{C}$ ist die Spulenspannung abhängig vom Erregerstrom, der sich zeitlich verändert.

$$u_{L(t)} = L \cdot \frac{di(t)}{dt}$$

Auf die Herleitung dieser Gleichung wird bewusst verzichtet, für uns reicht die Analogie zur Kondensatorspannung. Wir erhalten wieder eine Differenzialgleichung:

Die Spule

$$U_{Batt} = L \cdot \frac{di(t)}{dt} + R \cdot i(t)$$

Die Lösung der Differenzialgleichung liefert uns wie üblich die Mathematik:

$$i_L(t) = \frac{U_{Batt}}{R} \cdot \left(1 - e^{\left(-\frac{R \cdot t}{L}\right)}\right)$$

$$U_L(t) = U_{Batt} \cdot e^{\left(-\frac{R \cdot t}{L}\right)}$$

Wir sehen, dass wieder eine e − Funktion den Aufladevorgang der Spule beschreibt.

> Der Quotient aus Widerstand und Induktivität bildet unsere Zeitkonstante τ (tau). $\tau = \frac{L}{R}$

> Alle Eigenschaften des Kondensators, wie beispielsweise die Abschätzung, dass die Spule nach 5τ vollkommen aufgeladen ist, gelten hier ebenfalls.

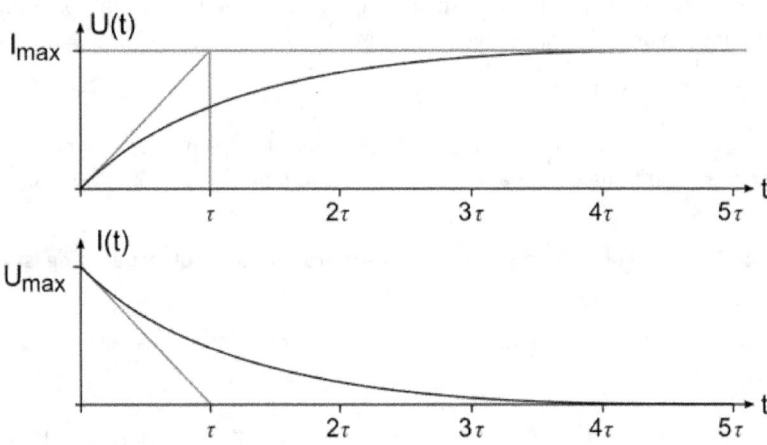

Abbildung 60 Ladekurve einer Spule

$$U_{max} = U_{Batt}; I_{max} = \frac{U_{Batt}}{R}$$

10.3 Ausschaltvorgang einer Spule

Das Ausschalten einer Spule verläuft analog zum Einschalten. Dafür nehmen wir wieder die einfachste Schaltung mit einer Spule, einem Schalter und einem Widerstand an. Zu Beginn ist der Strom der Schaltung maximal und die Spulenspannung $U_L = 0$.

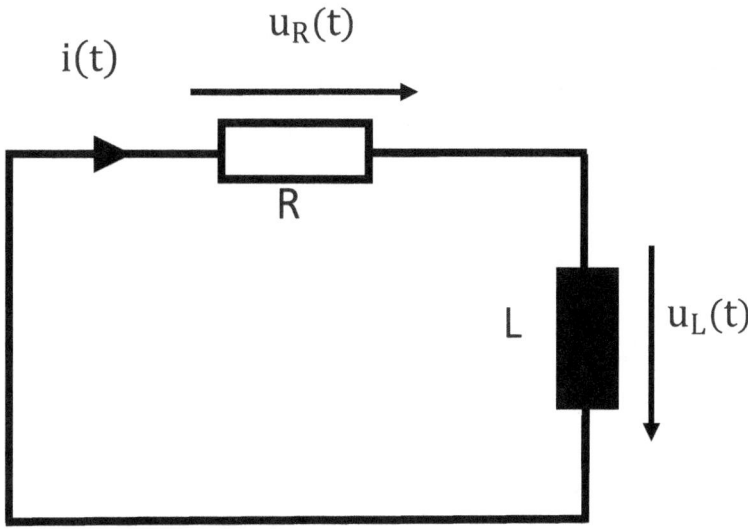

Abbildung 61 Schaltung zum „Entladen" einer Spule

Wir suchen wieder die Funktionen $u_L(t)$, sowie $i_L(t)$, die von der Zeit t abhängen und dabei die Spulenspannung sowie den Strom in der Schaltung während des Entmagnetisierungsprozesses beschreiben. Ein vollständiger Maschenumlauf ergibt

$$u_R(t) - u_L(t) = 0$$
$$u_R(t) = u_L(t)$$

Wir ersetzen $u_R(t) = i(t) \cdot R$ und $u_{L(t)} = L \cdot \frac{di(t)}{dt}$

Und erhalten wieder die Differenzialgleichung.

$$i(t) \cdot R = L \cdot \frac{di(t)}{dt}$$

Als Lösung ergibt sich:

$$i_L(t) = \frac{U_{Batt}}{R} \cdot e^{\left(-\frac{t}{\tau}\right)}$$

$$u_L(t) = -U_{Batt} \cdot e^{\left(-\frac{t}{\tau}\right)}$$

Mit $\tau = \frac{L}{R}$ und dem Anfangswert des Spulenstroms $I_{max} = -\frac{U_{Batt}}{R}$

Tragen wir die Spannung und den Ladestrom im Zeitverlauf auf:

$$U_{max} = U_{Batt}; I_{max} = -\frac{U_{Batt}}{R}$$

Die Spule

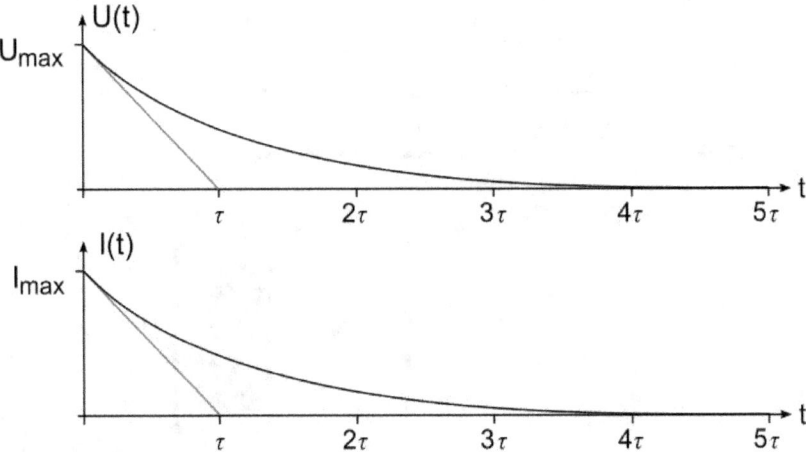

Abbildung 62 Entladekurve einer Spule

 Achtung: Die Spannung an der Spule ist ab dem Ausschalten negativ, da es der Ursache (Stromabnahme) entgegenwirkt.

$$U_{ind} = -\frac{d(B \cdot A)}{dt}$$

Die Grafik zeigt den Betrag der Spannung.

10.4 Wie viel Energie kann eine Spule speichern?

Die Menge an elektrischer Energie, die eine Spule in ihrem magnetischen Feld speichern kann, ist abhängig vom Strom, der durch die Spule fließt, und von der Eigeninduktivität der Spule. Die Energie wird im magnetischen Feld der Spule gespeichert. Die Energiemenge lässt sich dabei herleiten zu

$$E = \frac{1}{2} \cdot H \cdot B \text{ oder } W_{mag} = \frac{1}{2} \cdot L \cdot I^2$$

 Wie lange braucht eine Spule mit einer Induktivitätskapazität von 300 µH und einem Ladewiderstand von,2 kΩ bis sie vollständig aufgeladen ist? Wie groß ist dann der Strom, wenn eine Blockbatterie mit einer Spannung von 9 V angelegt wird?

Lösung: Nach circa fünf Zeitkonstanten ist die Spule aufgeladen.

$$5\tau = 5 \cdot \frac{L}{R} = 5 \cdot \frac{300\ \mu H}{2000\ \Omega} = 750\ ns$$

$$I = \frac{U}{R} = \frac{9\ V}{2\ k\Omega} = 4{,}5\ mA$$

Wie viel Energie kann eine Spule mit einer Induktivität von 400 µH bei einem Ladewiderstand von 1 kΩ und einer angelegten Spannung von 9 V speichern?

$$W_{mag} = \frac{1}{2} \cdot L \cdot I^2 = \frac{1}{2} \cdot 400 \text{ µH} \cdot 0{,}9 \text{ A}^2 = 162 \text{ µJ}$$

10.5 Vergleich Kondensator und Spule

Wir haben bereits gesehen, dass Kondensator und Spule viele Gemeinsamkeiten haben. Die folgende Tabelle zeigt dabei die wichtigsten Charakteristika auf.

Bauteil	Kondensator C	Spule L
Formelzeichen und Einheit	Farad F	Henry H
Energiespeicher	Elektrisches Feld	Magnetisches Feld
Energie im Bauteil	$W_{el} = \frac{1}{2} \cdot C \cdot U^2$	$W_{mag} = \frac{1}{2} \cdot L \cdot I^2$
Einsatzgebiet	Spannungs- und Stromstabilisierung Filtern	Stromglättung Filtern Transformatoren
Zeitkonstante τ beim Ent-/Laden	$\tau = R \cdot C$	$\tau = \dfrac{L}{R}$
Widerstand im ungeladenen Zustand	Null	Unendlich
Widerstand im geladenen Zustand	Unendlich	Null

Die Spule

11 Praxisbeispiel – LED-Einschaltverzögerung

Wir haben zahlreiche theoretische Grundlagen erarbeitet. Wir kennen bereits viele Bauteile und deren Wirkungsweisen. Wir sind bereit, eine kleine Schaltung zu untersuchen und die Wirkungsweise zu verstehen.

Ziel der Schaltung ist es, eine LED einzuschalten, jedoch nicht sofort, sondern **zeitverzögert**. Dafür benötigen wir eine Versorgungsspannung, beispielsweise eine 9 V Blockbatterie, einen Transistor, eine LED, einen Vorwiderstand für die LED sowie einen Basiswiderstand für den Transistor, der gleichzeitig den Ladewiderstand für den Kondensator bildet.

Zweck	Bauteil	Bezeichnung/Wert
Spannungsquelle	Batterie	9 V Blockbatterie
Schalter	NPN-Transistor	BC548C
Leuchtquelle	LED	5 mm LED-weiß
Vorwiderstand	Widerstand	380 Ω
Basiswiderstand	Widerstand	100 kΩ
Zeitverzögerung	Kondensator	220 µF

Die LED und der Vorwiderstand R2 sind in Serie geschaltet und liegen an der Versorgungsspannung U_{Batt} sowie dem Kollektor C des Transistors T an.

Der Widerstand R1 und der Kondensator C sind ebenfalls in Reihe geschaltet und liegen zwischen der Versorgungsspannung und Masse an. Der Emitter E des Transistors T ist direkt an Masse angebunden.

11.1 Die Schaltung

Die Schaltung ist wie folgt aufgebaut:

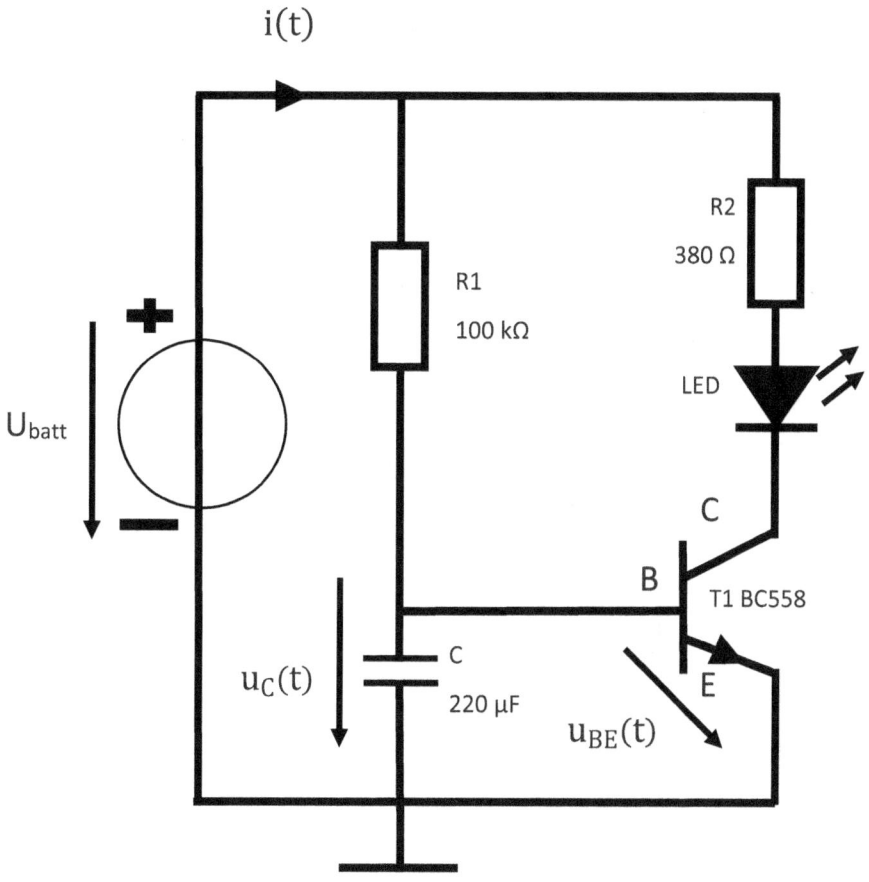

Abbildung 63 Schaltung zum verzögerten Einschalten einer LED

Wir ziehen eine sehr einfache Masche über die Kondensatorspannung und die Basis-Emitterspannung des Transistors.

$u_{BE}(t) - u_C(t) = 0$ bzw. $u_{BE}(t) = u_C(t)$

Die Kondensatorspannung $u_C(t)$ ist gleich der Basis-Emitterspannung $u_{BC}(t)$ des Transistors.

Was passiert, wenn die Versorgungsspannung von 9 V angeschlossen wird?

1. Die Spannungsversorgung wird angelegt. Der Kondensator ist komplett leer. Die Kondensatorspannung ist daher nach $U_C = \frac{Q}{C} = 0$.

Wir erinnern uns, dass der Transistor erst durchschaltet, wenn die Basis-Emitterspannung größer als 0,7 V wird. Daher leitet der Transistor T zu Beginn nicht, die LED leuchtet nicht.

Mit der Zeit wird der Kondensator über den Widerstand R1 geladen, es gelangen immer mehr Ladungsträger auf den Kondensator und die Kondensatorspannung steigt an.

In diesem Zustand wird der Kondensator mit der bekannten Ladekurve (e-Funktion) geladen, der Transistor sperrt jedoch weiterhin und die LED kann nicht leuchten.

Die Spannung am Kondensator steigt immer weiter an, bis 0,7 V erreicht sind. Jetzt kann der Transistor durchschalten, sodass ein Strom von der 9 V Versorgungsspannung über die LED und den Widerstand zur Masse fließen kann. Die LED leuchtet also nach einer zeitlichen Verzögerung.

11.2 Berechnen der Zeitverzögerung

Die Zeitverzögerung hängt dabei direkt von der Ladekurve des Kondensators ab.

Der Transistor schaltet durch, sobald die Kondensatorspannung über $u_{BE}(t) = u_C(t) = 0,7\ V$ angehoben wird. Die Formel für die Kondensatorspannung haben wir bereits hergeleitet.

$$u_C(t) = U_{Batt} \cdot \left(1 - e^{\left(-\frac{t}{R \cdot C}\right)}\right)$$

Also muss für die Kondensatorspannung gelten

$$0,7\ V = U_{Batt} \cdot \left(1 - e^{\left(-\frac{t}{R \cdot C}\right)}\right)$$

$$\frac{0,7\ V}{9\ V} = 1 - e^{\left(-\frac{t}{R \cdot C}\right)}$$

$$\frac{0,7\ V}{9\ V} - 1 = -e^{\left(-\frac{t}{R \cdot C}\right)}$$

$$-0,922 = -e^{\left(-\frac{t}{R \cdot C}\right)}$$

$$\ln(0,922) = -\frac{t}{R \cdot C}$$

$$t = -\ln(0,922) \cdot R \cdot C$$

Die Zeitverzögerung ergibt sich durch Wahl des Widerstands und Kondensators. Für unsere Werte von $R = 100\ k\Omega$, $U_{Batt} = 9\ V$, und $C = 220\ \mu F$ erhalten wir eine Einschaltverzögerung von:

$$t = -\ln(0,922) \cdot 100\ k\Omega \cdot 220\ \mu F \approx 1,79\ s$$

Durch Variation des Widerstand R1 und des Kondensators C kann die Zeit verkürzt oder verlängert werden.

Die Schaltung wird anschließend mittels einer Lochrasterplatine aufgebaut. Die Abbildung zeigt die fertige, diskret aufgebaute Schaltung. Der Schalter dient lediglich dazu, die Versorgungsspannung ein- und ausschalten zu können.

Kannst du die restlichen Bauteile identifizieren? Welches Bauteil ist der Kondensator, welches der Transistor, die LED oder der Widerstand?

Abbildung 64 Diskreter Aufbau der Schaltung auf einer Lochrasterplatine

Praxisbeispiel – LED-Einschaltverzögerung

12 Einführung Wechselstromlehre

Alle Annahmen, Rechnungen und Beispiele, die wir bisher getroffen hatten, gingen davon aus, dass Spannungen, Ströme oder Leistungen konstant waren. Das war bisher auch weitestgehend genau.

Beispielsweise liefert die 9 V-Batterie dauerhaft konstant 9 V. Das Potenzial des Pluspols ist 9 V „höher" als das des Minuspols.

Wenn wir ausschließlich Größen betrachten, die sich im zeitlichen Verlauf nicht ändern, spricht man im Allgemeinen auch von **Gleichstrom**. Im Englischen ist auch von *direct current* die Rede, abgekürzt als **DC**.

Jedoch ist es nicht immer der Fall, dass die Spannung oder andere Größen konstant bleiben. Warum das so ist, können wir am leichtesten verstehen, wenn wir uns einmal anschauen, wie Strom erzeugt werden kann.

Disclaimer:
Die Wechselstromlehre ist ein sehr komplexes Themengebiet. Um alle Zusammenhänge in vollem Umfang begreifen zu können, ist ein mehrjähriges Studium notwendig. Deshalb bestehen die folgenden Abschnitte keineswegs auf Vollständigkeit. Einige Bereiche, wie die Zeigertheorie oder Bereiche aus der höheren Mathematik, wiedie komplexen Zahlen, wurden bewusst vereinfacht oder auf das Notwendigste reduziert. Der Fokus liegt klar auf dem Verständnis und der Bedeutung der Theorie in der Praxis. Deshalb werden reale Beispiel eingebracht.

12.1 Erzeugung von Strom

Wir haben bereits viel mit Strom und Spannung gerechnet. Aber wie wird der Strom überhaupt bereitgestellt?

Es gibt viele Möglichkeiten, eine Spannung bzw. einen Stromfluss zu erzeugen.

Das wohl älteste Phänomen, bei dem Strom eine Rolle spielt, sind Blitze. Bei einem Blitz bilden sich verschiedene Pole aus. Die Blitze, die wir bei einem Gewitter wahrnehmen, sind sogenannte Wolke-Erde-Blitze. Dabei bildet sich innerhalb einer Wolke ein stark negativer Pol im Verhältnis zur Erdoberfläche aus.

 80–90 % aller Blitze sind keine Wolke-Erde-Blitze, sondern Wolke-Wolke-Blitze. Diese entstehen, wenn sich Ladungen in verschiedenen Höhenschichten trennen. Der Blitz bildet dabei die Ausgleichsladung von einer Wolke zur anderen. Die Wolke-Wolke-Blitze nehmen wir, wenn überhaupt, als aufleuchtenden Himmel war.

Irgendwann ist der Punkt erreicht, an dem die Spannung hoch genug ist, um die Luftmoleküle zu ionisieren. Das bedeutet, dass Elektronen und Protonen innerhalb eines Moleküls durch das starke elektrische Feld getrennt werden.

Dadurch entsteht jedoch auch ein leitfähiger Kanal, denn wir haben, gelernt: Strom ist nichts weiter als bewegte Ladungsträger.

Durch diesen Kanal entlädt sich der Blitz mit einer Stromstärke von bis zu mehr als 100 kA.

Den Effekt, dass Blitze durch natürliche Elektrizität entstehen, bestätigte bereits Benjamin Franklin im Jahr 1752. Er ließ in einem Gewitter einen Drachen steigen und provozierte dadurch einen Blitzeinschlag.

Theoretisch ist es möglich, die Energie aus Blitzen zu nutzen. Da Blitze jedoch ungleichmäßig auftauchen, ist es wirtschaftlich nicht sinnvoll, dieses Naturphänomen zur Stromerzeugung zu nutzen.

Die erste reale Nutzung von Elektrizität hatte ein englischer Erfinder entdeckt, dessen Namen uns bereits mehrfach begegnet ist. Die Rede ist von Allessandro Volta, nach dem auch die Einheit der Spannung benannt wurde.

Dafür nutzte Volta eine chemische Eigenschaft von Metallen: Wenn zwei Metalle miteinander in Berührung kommen, löst sich stehs das unedlere Metall auf. Auflösen bedeutet in diesem Zusammenhang, dass es oxidiert und sich dabei zersetzt. Ähnlich wie das Rosten von Kupfer.

Dabei entsteht eine Spannung, die man bis dahin weder messen noch nutzen konnte.

Um das Jahr 1800 erfand Volta jedoch eine Möglichkeit, um diesen Effekt nachzuweisen. Er nahm Metallplatten aus Zink und Kupfer und stapelte sie übereinander. Dazwischen waren in Salzlösung getränkte Lederlappen. Zink als chemisch gesehen unedleres Metall löste sich dabei auf und gab Elektronen ab. Die Zinkatome lösten sich in der Salzlösung auf, aber die Elektronen blieben zurück. Dadurch bildete die Zinkplatte den Minuspol der ersten Batteriezelle.

Die Spannung konnte erhöht werden, indem mehrere dieser Volta-Zellen in Serien geschaltet wurden. In Serie geschaltet bedeutet in diesem Fall nichts weiter, als dass die Zellen übereinandergestapelt sind. Die Zinkplatte am unteren Ende war dabei der Minuspol, die Kupferplatte am oberen Ende der Pluspol.

Dadurch entstand die erste verwendbare Batterie, die **Volta-Säule**.

Abbildung 59 Mehrstufige Volta-Säule

Wir sehen, dass Elektrizität bereits seit über 200 Jahren genutzt wird. Aber wie sieht heutzutage die Stromerzeugung aus?

Ein Großteil der Stromerzeugung wird mittlerweile aus erneuerbaren Energien gewonnen. Dazu zählen etwa Solaranlagen und Windkraft.

Das Prinzip einer Solaranlage ist relativ einfach zu verstehen

Wir haben bereits den Effekt eines PN-Übergangs kennengelernt. Zur Erinnerung nehmen wir noch einmal die Grafik eines PN-Übergangs zur Hilfe.

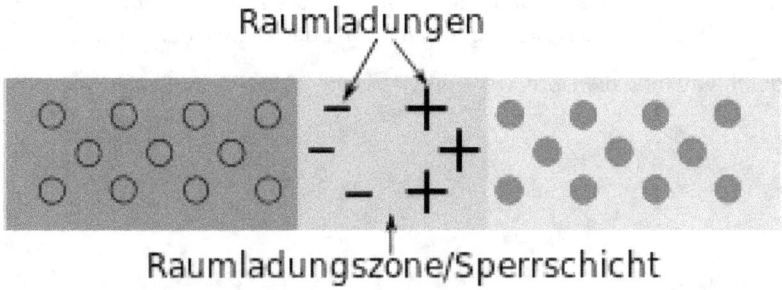

Abbildung 60 PN-Übergang

Eine Solaranlage ist prinzipiell nichts weiter als ein großflächiger PN-Übergang, sprich Silizium, welches mit Bor und Phosphor dotiert wird.

Dadurch erhalten wir eine Siliziumscheibe, die viele freie Elektronen besitzt. Noch können wir diese nicht nutzen, da sie fest am Kern gebunden sind.

Treffen jedoch energiereiche Sonnenstrahlen auf das dotierte Silizium, werden die freien Elektronen von ihrem Kern getrennt. Die Elektronen werden „herausgeschlagen", es entsteht eine Spannung, und die Elektronen können über einen Verbraucher abfließen.

In der Praxis erzeugt eine einzelne Solarzelle eine Gleichspannung von 0,5-0,6 V.

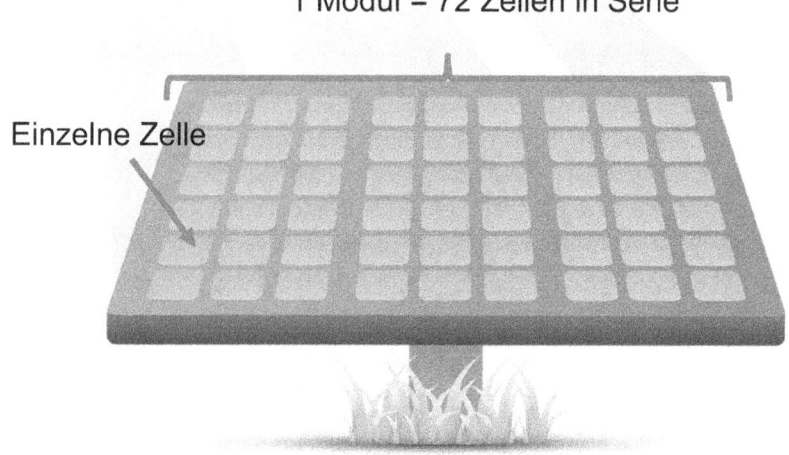

Abbildung 61 Aufteilung eines PV-Moduls

Meistens werden 48, 60 oder 72, dieser Zellen in Serie geschaltet, sodass ein Solarpanel eine Ausgangsspannung im Bereich 30 V besitzt.

Solarzellen erzeugen dabei eine **Gleichspannung**.

Anders hingegen sieht es aus, wenn wir Strom aus **elektrischen Generatoren** erzeugen. Ein Generator wandelt eine Drehbewegung in eine elektrische Spannung um.

12.2 Stromerzeugung mittels Generatoren

Ein Miniatur-Generator, den beinahe jeder kennt, ist der klassische Fahrrad-Dynamo. Dieser erzeugt aus der Drehbewegung des Fahrradreifens Strom, der für die Versorgung des Lichts verwendet wird. Aber was sind die physikalischen Hintergründe? Wie kann eine Bewegung in Strom umgewandelt werden?

Alles, was wir dafür benötigen, ist ein Magnet mit einem permanenten Magnetfeld. Dafür kann entweder ein Permanentmagnet verwendet werden oder eine bestromte Spule. Denn wie wir wissen, erzeugt ein stromdurchflossener Leiter ebenfalls ein Magnetfeld.

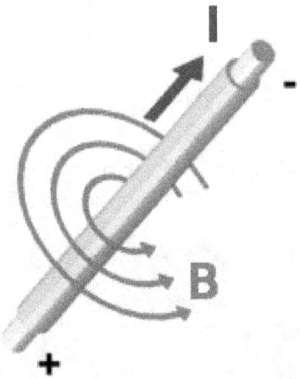

Abbildung 62 Magnetfeld eines stromdurchflossenen Leiters

Zur einfacheren Herleitung verwenden wir wiederum einen Dauermagneten. Diesen lagern wir auf einer Achse, sodass wir ihn drehen können.

Neben diesem Magneten stellen wir eine Spule auf. Wenn wir anfangen, den Magneten auf seiner Achse zu drehen, ändert sich das Magnetfeld, das die Spule durchsetzt.

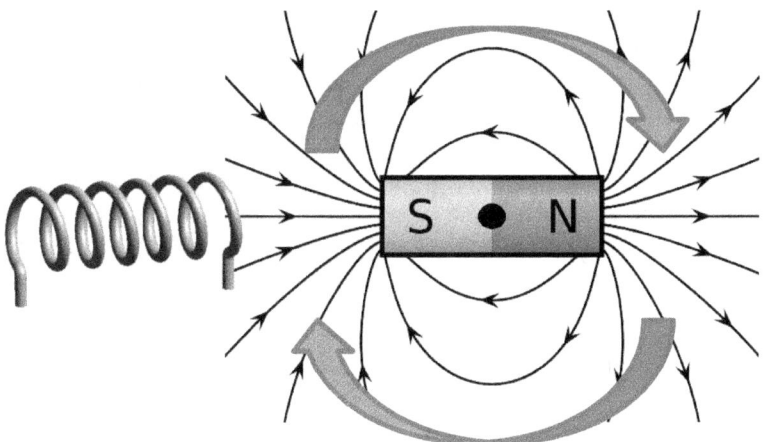

Abbildung 63 Ein Dauermagnet dreht sich neben einer Luftspule

Wir erinnern uns weiter, dass ein sich änderndes Magnetfeld stets eine Induktionsspannung mit sich zieht.

$$U_{ind} = -\frac{d(B \cdot A)}{dt}$$

Das bedeutet, dadurch, dass sich ein Magnet neben der Spule dreht, wird in der Spule eine elektrische Spannung induziert. Zwischen den Enden der Spule kann eine Spannung gemessen werden.

Diese Spannung ist jedoch nicht gleichmäßig, sondern hängt von der Stellung des Magneten ab. Das liegt daran, dass auch das Magnetfeld des Permanentmagneten nicht homogen ist.

Die Änderung des magnetischen Feldes ist am höchsten, wenn sich der Magnet in der senkrechten Position zur Spule befindet. Analog dazu ist die Änderung am kleinsten (nämlich genau Null), wenn der Magnet waagerecht zur Wicklungsachse der Spule steht. Zusätzlich muss beachtet werden, dass sich auch das Vorzeichen des Magnetfeldes ändert! Wir fassen zusammen:

Einführung Wechselstromlehre

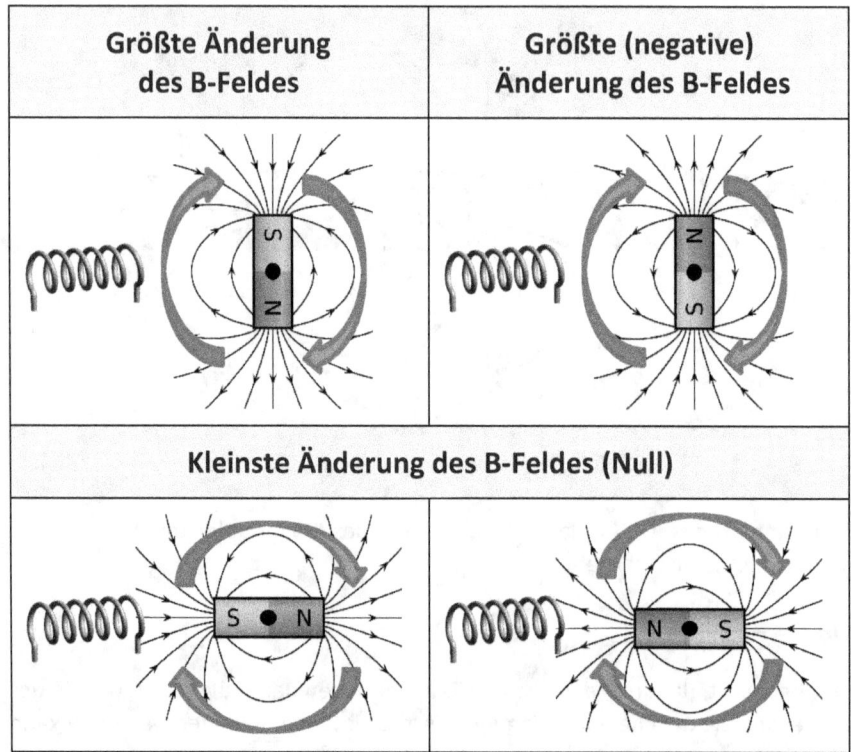

Die Spannung an den Enden der Spule verläuft dabei nicht linear, sondern bildet die Kreisbewegung des sich drehenden Magneten ab. Die Abbildung dieser Kreisbewegung ergibt daher eine Sinuskurve. Dabei ändert sich das Vorzeichen nach jeder halben Umdrehung.

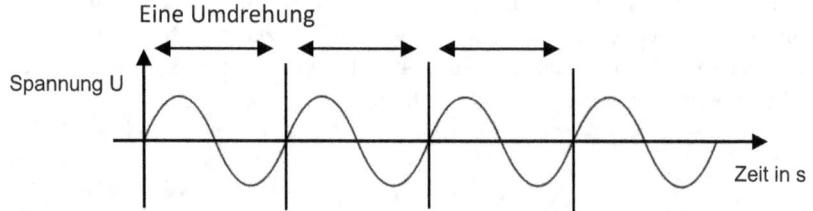

Diese Spannung wechselt das Vorzeichen. Deshalb wird diese Art der Spannung auch Wechselspannung genannt. Abgekürzt wird sie durch die englische Bezeichnung alternate current, kurz AC.

Bevor wir uns die genauen Anwendungsgebiete und Folgerungen anschauen, müssen wir ein paar einheitliche Begriffe einführen.

Der maximale Spannungswert, der sowohl an der positiven als auch an der negativen Spitze gemessen wird, wird als **Spitzenwert, Maximalspannung** oder **Amplitude** bezeichnet und mit einem Zirkumflex (^) gekennzeichnet.

Eine vollständige Umdrehung wird als Periode bezeichnet, die Zeit, die dafür notwendig war, als Periodendauer. Sie wird mit einem T abgekürzt und gibt die Zeit an, die der Magnet benötigt, um wieder an der Ausgangsstellung anzukommen. Die Einheit der Periodendauer ist die Sekunde.

Bei einer „normierten Sinus- oder Kosinusschwingung" beträgt die Periodendauer $T = 2\pi$ (siehe Kapitel Sinus, Kosinus, Tangens).

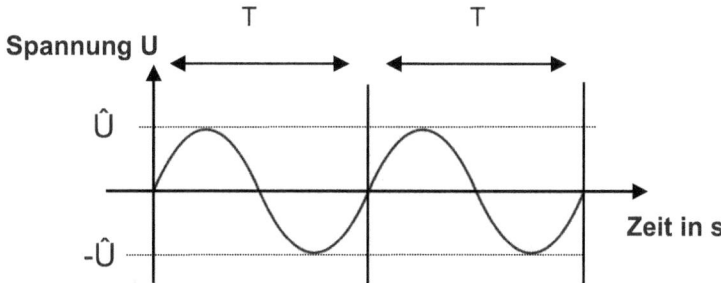

Der Kehrwert der Periodendauer ist die Frequenz f. Diese gibt an, wie viele Perioden innerhalb einer Sekunde auftreten.

Die Einheit der Frequenz ist nach dem deutschen Physiker Heinrich Hertz $[f] = \boldsymbol{Hz}$ benannt.

Da die Frequenz angibt, wie oft eine Schwingung pro Sekunde eintritt, ist die Frequenz gerade der Kehrwert der Periodendauer und umgekehrt.

$f = \frac{1}{T}; T = \frac{1}{f}.$

Die Einheit Hz ist folglich gleich $\frac{1}{s}$. Alternativ zur Frequenz f wird häufig die **Kreisfrequenz** ω verwendet. Die Kreisfrequenz bezieht sich auf eine „normierte" Kosinusschwingung von 360° oder 2π als Radiant geschrieben.

$\omega = 2\pi f$

2π ist ein numerischer Wert von $\sim 6{,}28$ daher ist die Einheit der Kreisfrequenz ebenfalls $\frac{1}{s}$.

Ein Hertz entspricht zwar $\frac{1}{s}$, jedoch ist die Einheit Hertz Hz ausschließlich für die Frequenz f reserviert. Die Kreisfrequenz wird daher in $\frac{1}{s}$ angegeben, niemals in Hertz Hz.

Dreht sich der Magnet innerhalb einer Sekunde einmal um 360°, dann entspricht das einer Frequenz, $f = 1\,Hz$ die Kreisfrequenz dabei ist $\omega = 2\pi f = 6{,}28\,\frac{1}{s}$.

 Ein Magnet legt innerhalb einer Sekunde drei Umdrehungen zurück. Wie hoch sind die Frequenz, die Kreisfrequenz und die Periodendauer der entstandenen Sinusschwingung?

Lösung:

$$f = \frac{3\,Umdrehungen}{1\,s} = 3\,\frac{1}{s} = 3\,Hz$$

$$\omega = 2 \cdot \pi \cdot f = 2 \cdot \pi \cdot 3\,Hz = 18{,}85\,\frac{1}{s}\ (nicht\ Hz!)$$

$$T = \frac{1}{f} = \frac{1}{3\frac{1}{s}} = 0{,}33\,s$$

 Das deutsche Stromnetz wird mit einer Frequenz von 50 Hz betrieben. Wie groß ist die Periodendauer des Netzes?

Lösung: $T = \frac{1}{f} = \frac{1}{50\frac{1}{s}} = 0{,}02\,s = 20\,ms$

Nachdem wir die wichtigsten Größen innerhalb einer Sinusschwingung kennengelernt haben, stellen wir die Schwingung als konkrete Formel dar. Dabei erhalten wir die momentan induzierte Spannung zwischen den Enden der Spule in Abhängigkeit der Stellung des Magneten bzw. der Zeit.

$$u(t) = \hat{U} \cdot \sin(2\pi \cdot f \cdot t)$$

Der Spitzenwert der Sinusspannung entspricht der maximalen Induktionsspannung. Diese ergibt sich aus der Stärke des Magneten, der Anzahl der Spulenwicklungen und weiterem.

An dieser Stelle ersparen wir uns das aufwendige Ausrechnen des Spitzenwertes. Für das Verständnis ist wichtig, dass wir mithilfe einer Rotationsbewegung einem Magneten und einer Spule eine Wechselspannung erzeugen können. Diese wird als Sinusspannung ausgegeben.

Jedoch gibt es noch einige Besonderheiten, die eine Wechselspannung mit sich bringt. Dafür überlegen wir uns, wie hoch die **durchschnittliche Spannung** der Wechselspannung ist. Die durchschnittliche Spannung entspricht dem *zeitlichen Mittelwert*, der häufig als $\bar{U}$ abgekürzt wird.

Da die Spannung nicht konstant ist, ändert sich der Mittelwert mit der Zeit. Deshalb schauen wir uns den Verlauf über eine gesamte Periode an.

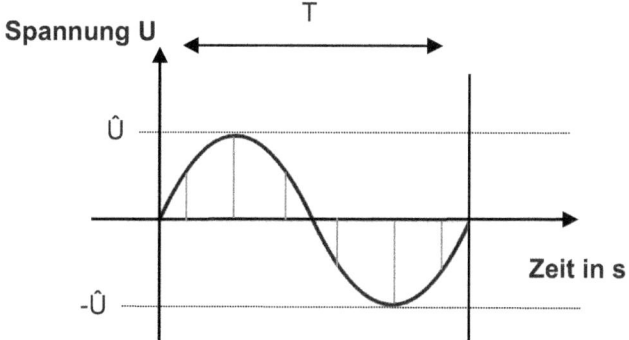

Wir erkennen, dass die Sinuskurve im Mittel einen Spannungswert von Null aufweist. Denn jeder Spannungsteil oberhalb der x-Achse wird durch einen Spannungsteiler unterhalb der x-Achse neutralisiert.

$\overline{U} = 0$

Bedeutet das, dass wir die Wechselspannung nicht verwenden können, um z. B. unser Licht zu betreiben? Schließlich ist die mittlere Spannung Null.

Die mittlere Spannung ist zwar Null, jedoch ist die entscheidende Größe zum Betreiben von elektrischen Geräten die Energie bzw. die Leistung, die übertragen wird.

Die Leistung setzt sich aus dem Produkt aus Strom und Spannung zusammen. Das bedeutet, dass auch bei einer durchschnittlichen Spannung von 0 V dennoch Energie übertragen werden kann.

Um das zu veranschaulichen, nehmen wir unseren einfachen Generator zur Hilfe und schließen an diesen einen Widerstand an.

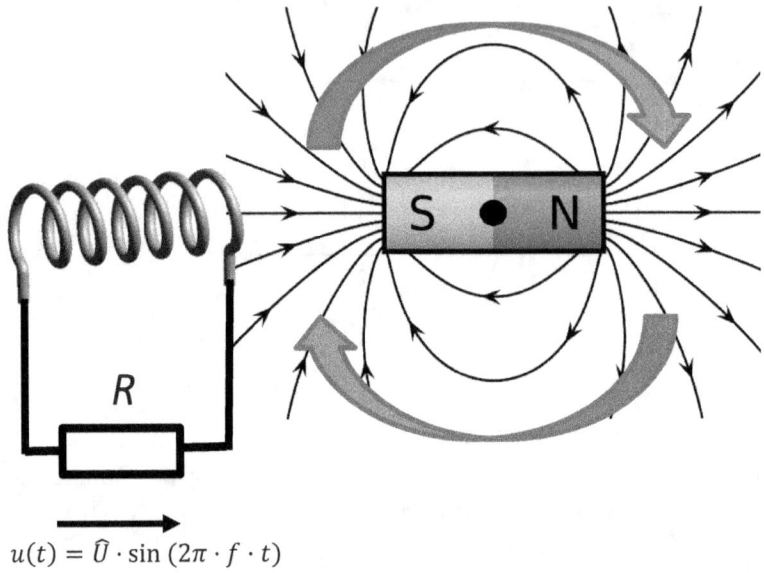

$$u(t) = \hat{U} \cdot \sin(2\pi \cdot f \cdot t)$$

Abbildung 654 Ein Dauermagnet dreht sich neben einer Luftspule, an der ein ohmscher Verbraucher angeschlossen ist

Die Leistung ergibt sich beim Widerstand zu

$$P = \frac{u(t)^2}{R} = \frac{\left(\hat{U} \cdot \sin(2\pi \cdot f \cdot t)\right)^2}{R}$$

Wir sehen, dass die Leistung einen Sinus-Quadrat-Verlauf aufzeigt. Dieser hat im Mittel einen Wert, der größer als Null ist.

Anstatt nun kompliziert mit Mittelwert und Leistung herumzurechnen, bedienen wir uns eines Tricks. Wir verwenden einen Spannungswert, der an einem ohmschen Verbraucher, sprich an einem einfachen Widerstand, im Mittel die gleiche Leistung umsetzt. Dieser Mittelwert wird auch als **quadratischer Mittelwert** oder **Effektivwert der Sinusspannung** bezeichnet.

 Der **Effektivwert** wird auch als **RMS-Wert** (Root-Mean-Square-Wert) bezeichnet. Der RMS-Wert beschränkt sich nicht nur auf Sinusfunktionen. Er kann herangezogen werden, um jede Art von Funktion miteinander zu vergleichen.

Dabei wird die Funktion über das Zeitintervall einer vollständigen Periode aufgenommen, quadriert und anschließend die Wurzel des zeitlichen Mittelwertes gebildet.

$$U_{Eff} = \sqrt{\frac{1}{T} \int_0^T u(t)\, dt}$$

Wir können unseren Sinusverlauf in die Formel einsetzen und anschließend numerisch vereinfachen. Nach mehreren Umformungen und der Verwendung trinergetischer Zusammenhänge ergibt sich eine sehr einfache Lösung:

Für eine Sinusschwingung ergibt sich der Effektivwert von

$$U_{Eff} = \frac{1}{\sqrt{2}} \cdot \hat{U} \approx 0{,}707 \cdot \hat{U}$$

Das bedeutet, dass eine Sinus-Wechselspannung mit der Funktion

$$u(t) = 100\,V \cdot \sin(2\pi \cdot f \cdot t)$$

im zeitlichen Verlauf die gleiche Leistung umsetzt, wie eine Gleichspannung mit einem Spannungswert von

$$U = \frac{1}{\sqrt{2}} \cdot \hat{U} \approx 0{,}707 \cdot \hat{U} = 70{,}7\,V$$

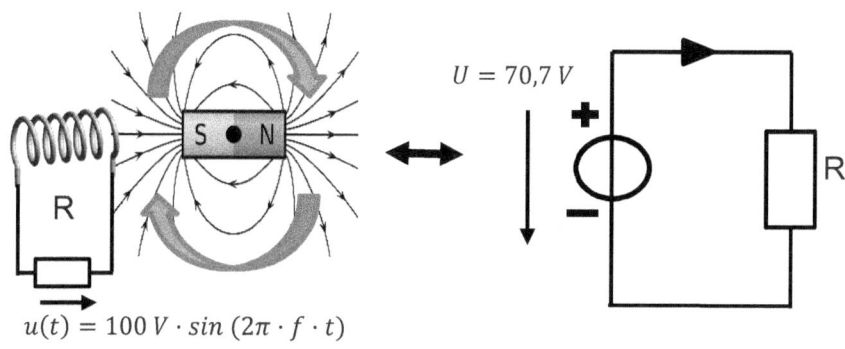

Abbildung 65 Umwandlung der Wechselspannungsquelle in eine Gleichspannungsquelle

Ohne tiefer in die Herleitung und die damit verbundene Integralrechnung einzusteigen, zeigt die folgende Tabelle, welche RMS-Werte verschiedene Spannungsverläufe aufzeigen.

Effektivwerte periodischer Spannungssignale

Spannungsverlauf	Mittelwert	RMS-Wert U_{Eff}
Sinus: $u(t) = \hat{U} \cdot \sin(2\pi \cdot f \cdot t)$	$\overline{U} = 0$	$U_{Eff} = \dfrac{1}{\sqrt{2}} \cdot \hat{U}$
Cosinus: $u(t) = \hat{U} \cdot \cos(2\pi \cdot f \cdot t)$	$\overline{U} = 0$	$U_{Eff} = \dfrac{1}{\sqrt{2}} \cdot \hat{U}$
Gleichspannung: $u(t) = \hat{U}$	$\overline{U} = \hat{U}$	$U_{Eff} = \hat{U}$

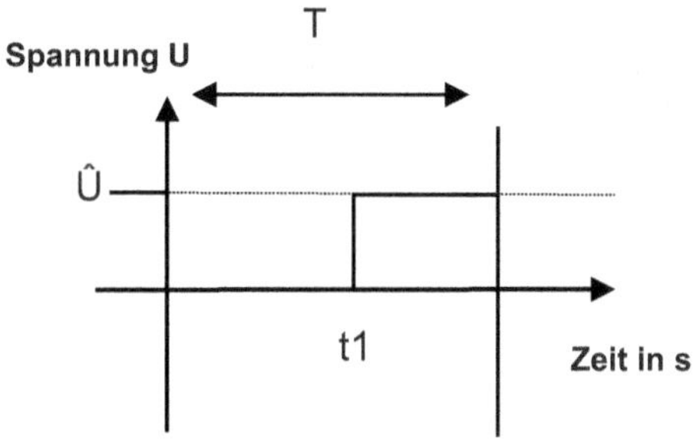 **Spannung U** — Pulsweitenmodulierte Gleichspannung (PWM): $u(t) = \begin{cases} 0 \text{ für } t<t_1 \\ \hat{U} \text{ für } t \geq t_1 \\ 0 \text{ für } t>T \end{cases}$	$\overline{U} = \dfrac{t}{T} \cdot \hat{U}$	$U_{Eff} = \hat{U} \cdot \sqrt{\dfrac{t}{T}}$
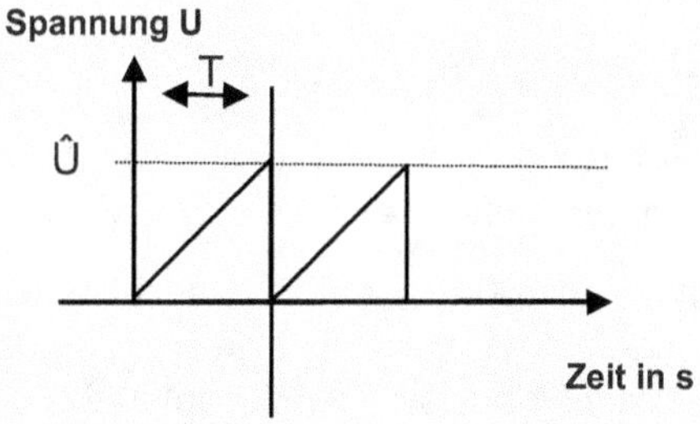 **Spannung U** — Sägezahn: $u(t) = \dfrac{t}{T} \cdot \hat{U}$ für 0 bis T	$\overline{U} = \dfrac{1}{2} \cdot \hat{U}$	$U_{Eff} = \dfrac{1}{\sqrt{3}} \cdot \hat{U}$

Um mit Effektivwerten vertrauter zu werden, sehen wir uns einige Übungsaufgaben dazu an:

 Ein Generator erzeugt eine gleichmäßige Sinusspannung mit einem Scheitelwert von $\hat{U} = 400\,V$. Wie hoch ist der Effektivwert der Spannung?

Lösung:

$$U_{Eff} = \dfrac{1}{\sqrt{2}} \cdot \hat{U} = \dfrac{1}{\sqrt{2}} \cdot 400\,V = 283\,V$$

Einführung Wechselstromlehre

Unser Stromnetz liefert einen sinusförmigen Spannungsverlauf mit einem Effektivwert von $U_{Eff} = 230\,V$. Wie viel Spannung kann in der Spitze gemessen werden? Wie viel Leistung wird in einem 1 kΩ Widerstand umgesetzt, wenn wir ihn an das Stromnetz anschließen?

Lösung:

$$U_{Eff} = \frac{1}{\sqrt{2}} \cdot \hat{U}$$

$$\hat{U} = \sqrt{2} \cdot U_{Eff} = \sqrt{2} \cdot 230\,V = 325\,V$$

$$\frac{U^2}{R} = \frac{U_{Eff}^2}{R} = \frac{(230\,V)^2}{1000\,\Omega} = 52{,}9\,W$$

 Wie hoch ist der Spitzenwert einer Sägezahn-Spannung, die den gleichen Effektivwert von $U_{Eff} = 230\,V$ aufweist? Wie viel Leistung wird im gleichen Verbraucher von 1 kΩ umgesetzt?

$$U_{Eff} = \frac{1}{\sqrt{3}} \cdot \hat{U}$$

$$\hat{U} = \sqrt{3} \cdot U_{Eff} = \sqrt{3} \cdot 230\,V = 398\,V$$

In dem Widerstand wird die gleiche Leistung (52,9 W) umgesetzt, da der Effektivwert bei beiden Spannungsverläufen gleich ist.

Wir haben bisher gesehen, dass ein Generator im Kern aus nichts weiter besteht, als aus einer Spule, die durch ein sich änderndes Magnetfeld eine Spannung induziert. Diese induzierte Spannung folgt einem sinusförmigen Verlauf. Die Spannung ist dabei mittelwertfrei, jedoch können wir Leistung übertragen. Um die Leistung berechnen zu können, verwenden wir den Effektivwert.

Bei realen Generatoren werden mehrere Spulenpaare in einem Kreis angeordnet. Damit der magnetische Fluss sich gleichmäßiger verteilen kann, werden die Spulen auf Ferritkernen aufgewickelt.

Die starre Konstruktion wird als Stator bezeichnet. In diesen Stator wird ein Rotor eingesetzt, an dessen Außenseite sich Magnete befinden. Wenn sich der Rotor dreht, erzeugt er in den anliegenden Spulen eine Induktionsspannung. Es gibt verschiedene Bauformen von Generatoren, beispielsweise, dass die Spulen im Rotor verbaut sind und sich mit diesem drehen, während die Permanentmagnete im Stator befestigt sind.

Es gibt noch weitere Bauweisen von Generatoren, beispielsweise indem man anstatt Permanentmagneten weitere Spulenpaare verwendet, die man wiederum selbst bestromt. Diese Spulen werden als Erregerspulen bezeichnet. Der Vorteil dabei ist, dass man durch die Stärke des Stroms innerhalb der Erregerspulen einstellen kann, wie viel Leistung der Generator erzeugen soll. Außerdem spart man die Permanentmagneten, welche die teuersten Bauteile eines Generators darstellen. Nachteile eines sogenannten fremderregten Generators ist, dass die Erregerspulen selbst Verluste produzieren und man ggf. eine Ansteuerelektronik benötigt. Bevor wir zu den Auswirkungen des Wechselstroms auf verschiedene Bauteile kommen, schauen wir uns ein Beispiel aus der Praxis an, nämlich wie unser Stromnetz aufgebaut ist.

12.3 Aufbau des Stromnetzes

Es wurde bereits erwähnt, dass das Stromnetz in Deutschland einen Effektivwert von 230 V besitzt und eine Frequenz von 50 Hz. Das ist auch vollkommen korrekt. Wenn wir die Spannung zwischen den Polen einer Steckdose messen, erhalten wir eine Sinusspannung mit einem Effektivwert von 230 V und einer Frequenz von 50 Hz. Innerhalb eines Haushalts ist das vollkommen ausreichend. Je nach Kabelquerschnitt können dadurch Leistungen im Bereich bis 3,7 kW geliefert werden.

Für die Versorgung ganzer Städte oder Kommunen ist es jedoch äußerst ungeschickt, mit einer Sinusspannung mit einem Effektivwert von 230 V zu arbeiten. Bei großen Leistungen würde man sehr dicke Kabel benötigen.

Deshalb werden zwei wesentliche Tricks verwendet. Der Erste ist simpel. Wie dick ein Kabel sein muss, hängt primär von dem Strom ab, der durch das Kabel fließt, nicht von der Spannung. Um die gleiche Leistung bei einem geringeren Kabelquerschnitt transportieren zu können, kann daher die Spannung erhöht werden.

Beispiel anhand eines Kabelquerschnitts von 1,5 mm²	
Maximale Belastbarkeit des Kabels: 15 A	
Effektivwert der Spannung	**Maximal übertragbare Leistung**
$U_{Eff} = 230\ V$	$P_{Max} = 230\ V \cdot 15\ A = 3,4\ kW$
$U_{Eff} = 400\ V$	$P_{Max} = 400\ V \cdot 15\ A = 6\ kW$
$U_{Eff} = 1\ kV$	$P_{Max} = 1\ kV \cdot 15\ A = 15\ kW$

Anhand dieser einfachen Überlegung sehen wir, dass es vorwiegend für die Übertragung langer Strecken sinnvoll ist, dass die Spannung angehoben wird.

Dadurch werden für die Übertragung der gleichen Leistung der benötigte Strom und die Kabelquerschnitte reduziert.

Deshalb ist das deutsche Stromnetz in verschiedene Spannungsebenen unterteilt.

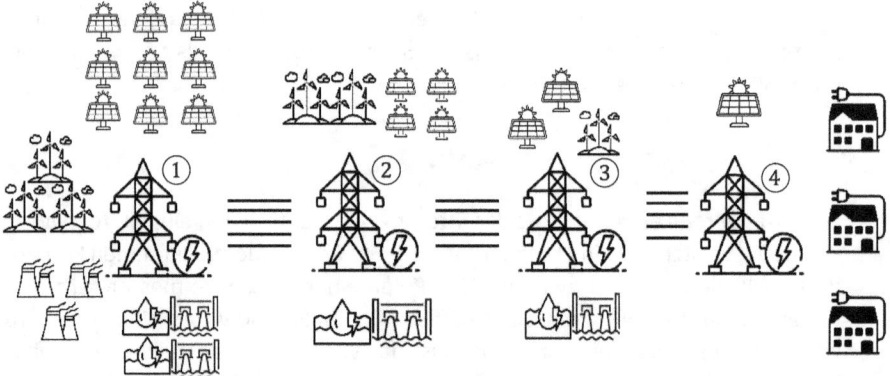

Abbildung 66 Aufbau des europäischen Stromnetzes in verschiedenen Spannungsebenen

	Spannungsebene	Verwendung	Effektivwert
①	Höchstspannungsebene	Direkt von großen Erzeugern z. B. Kohlekraftwerken, Windparks, Wasserkraftwerke	220 kV / 380 kV
②	Hochspannung	Mittlere Anlagen wie große Solarparks, mittlere Pumpspeicher etc.	60 kV - 110 kV
③	Mittelspannung	Kleinere Stromerzeuger, einzelne Windparks, kleinere Solarparks, Gaskraftwerke	6 kV – 30 kV
④	Niederspannung	Kleine Erzeuger wie eine PV-Anlage auf dem Dach	230 V / 400 V

Durch Aufteilen in verschiedene Spannungsebenen ist es möglich, dass elektrische Energie über mehrere hunderten Kilometer transportiert werden kann.

Und das ist auch der Grund, warum wir ein Wechselstromnetz verwenden. Für die Übertragung großer Strecken werden hohe Spannungen benötigt. Wechselspannungen lassen sich deutlich einfacher zu hohen Spannungen transformieren als Gleichspannungen. Vereinfacht gesagt benötigen wir für einen Transformator, der aus einer geringen Wechselspannung eine höhere Wechselspannung transformiert, lediglich zwei Spulen mit unterschiedlichen Wicklungen.

Außerdem erzeugen Generatoren, wie sie heutzutage noch zum Großteil der Stromerzeugung verwendet werden, eine Wechselspannung. Diese kann über Transformatoren hochtransformiert und anschließend über große Distanzen übertragen werden. Dadurch werden Verluste bei der Spannungserhöhung im Vergleich zu einem Gleichstromnetz eingespart.

Eine weitere Maßnahme, die noch weitere Vorteile als nur die Verlustminimierung mit sich bringt, ist, dass man nicht nur eine Sinusschwingung überträgt, sondern drei. Diese sind jedoch nicht identisch, sondern in der **Phase verschoben**. Dazu schauen wir uns die Begrifflichkeiten und deren Auswirkung einmal genauer an:

Die **Phase**, **Phasenverschiebung**, Phasendifferenz oder Phasenlage einer Sinuswelle wird mit dem griechischen Buchstaben Phi φ abgekürzt. Sie gibt die zeitliche Verschiebung der Welle in Bezug zu einer anderen Welle an.

Dabei entspricht 360° bzw. 2π einer ganzen Periode. 90° beispielsweise entspricht demnach einer Viertelperiode. Eine Verschiebung nach links entspricht dabei einer negativen Phasenverschiebung, eine Verschiebung nach rechts einer positiven Phasenverschiebung.

$u(t) = \hat{U} \cdot \sin(2\pi \cdot f \cdot t)$ (schwarz)

$u(t) = \hat{U} \cdot \sin(2\pi \cdot f \cdot t - \mathbf{90}\,°)$ (grau/blau)

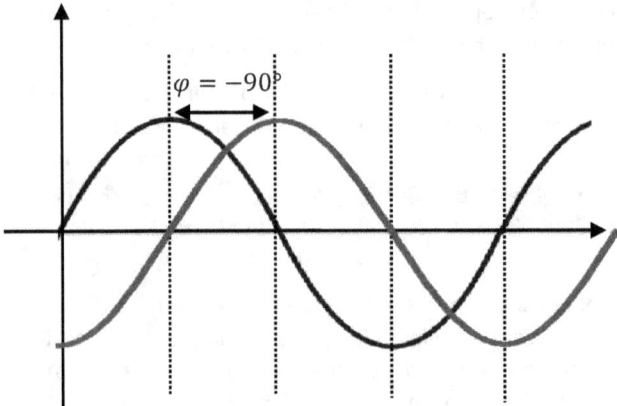

Abbildung 66 Phasenverschiebung um -90°

Im Stromnetz werden ebenfalls drei Schwingungen, sogenannte Phasen, verwendet. Die Phasen werden als **L1, L2,** und **L3** bezeichnet und sind gleichmäßig verschoben. Die erste Phase L1 hat keine Phasenverschiebung, $\varphi = 0°$ L2 besitzt eine Phasenverschiebung von $\varphi = 120°$ und die Phase L3 eine Phasenverschiebung von. $\varphi = 240°$ Dadurch sind alle drei Phasen gleichmäßig gegeneinander verschoben. Diese haben als Bezugspunkt einen gemeinsamen **Nullpunkt N** (Neutralleiter).

Jede Phase hat einzeln eine Spannung **U1, U2** und **U3**. Die Phasen haben im Hausanschluss, das dem Niederspannungsnetz zugeordnet ist, gegenüber dem Nullleiter einen Effektivwert von den bereits bekannten 230 V.

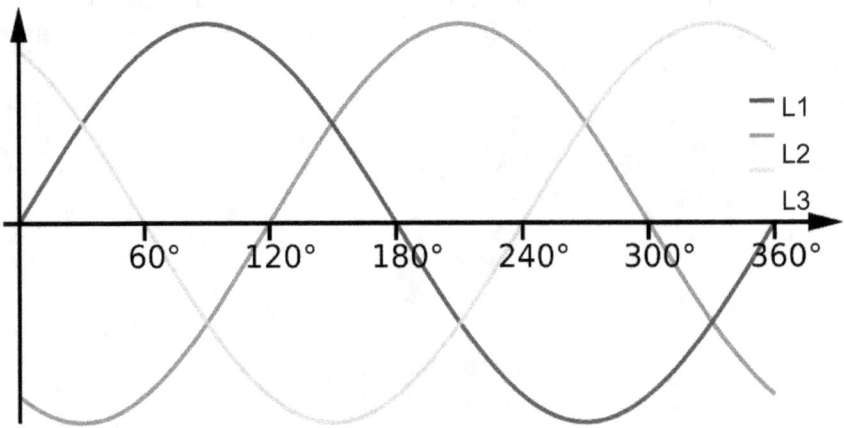

Abbildung 67 Dreiphasiger Wechselstrom

Neben den drei Phasen und dem Nullleiter wird oftmals ein **Schutzleiter PE** verwendet. Dieser ist direkt mit dem Erdpotenzial verbunden und dient als Berührungsschutz, wie wir es bereits von der Gleichstromtechnik kennen.

Der dreiphasige Wechselstrom wird auch als **Drehstrom** oder teilweise als **Starkstrom** bezeichnet. Die Farbe der Ummantelung ist bei den Phasen sowie dem Null- und Erdleiter genormt. Dadurch kann ein Elektriker anhand der Farbe des Kabels erkennen, welche Funktion das Kabel hat und ob potenziell Spannung vorhanden ist. Die Normung ist dabei wie folgt:

Bezeichnung	Funktion	Farbe
L1	Phase 1 $\varphi = 0°$	Braun
L2	Phase 2 $\varphi = 120°$	Schwarz
L3	Phase 3 $\varphi = 240°$	Grau
N	Neutralleiter	Blau
PE	Schutz/Erdleiter	Grün-Gelb

DIN VDE 0293-308 (VDE 0293 Teil 308):2003-01 und HD 308 S2

Diese Normierung gilt sowohl in Deutschland als auch in der gesamten Europäischen Union.

Ein fünfadriges Drehstromkabel, wie es beispielsweise in der Hauselektronik vorhanden ist, enthält demnach genau fünf Adern.

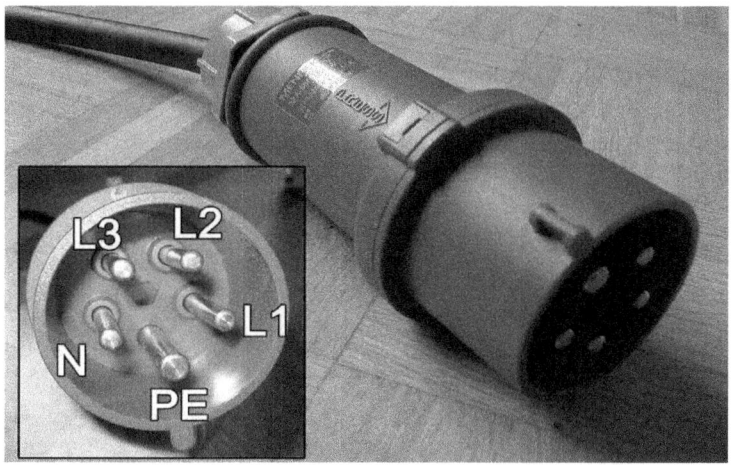

Abbildung 68 Starkstromstecker mit fünf Anschlüssen

Einführung Wechselstromlehre

Die drei Phasen werden vom Stromversorger bereitgestellt und anschließend im Hausverteilerkasten angeschlossen. Von dort an werden die Phasen aufgetrennt und jede Phase einzeln zu den benötigten Räumen geführt.

Deshalb hat die gewöhnliche Schuko-Steckdose auch lediglich drei Anschlüsse. Zwei Pins, die eine Phase (L) und einen Neutralleiter (N) führen, sowie zwei Schutzkontakte (PE) am oberen und unteren Ende des Steckers.

Abbildung 69 Pinbelegung einer Schuko-Steckdose

Geräte, die viel Leistung benötigen, beispielsweise ein Induktionsherd oder ein Backofen, verwenden oftmals auch alle drei Phasen gleichzeitig.

Wir wissen nun, dass im europäischen Stromnetz dreiphasiger Wechselstrom verwendet wird. Aber warum nimmt man gerade drei und nicht vier, fünf oder zehn Phasen?

Diese Frage wird aufgelöst, wenn wir uns einige Zusammenhänge anschauen, die sich aus dem dreiphasigen Wechselstrom ergeben.

Und zwar schauen wir uns diesmal nicht die Spannung an, die zwischen einer Phase und dem Neutralleiter anliegt, sondern die Spannung, die wir zwischen zwei Phasen messen, beispielsweise zwischen L1 und L2. Da es sich bei beiden Phasen um eine Wechselspannung handelt, ist die Differenz **zeitabhängig**:

$$u_{L_1}(t) = \hat{U} \cdot \sin(2\pi \cdot f \cdot t)$$

$$u_{L_2}(t) = \hat{U} \cdot \sin(2\pi \cdot f \cdot t - \mathbf{120}\,°)$$

$$u_{L_1 L_2}(t) = \hat{U} \cdot \sin(2\pi \cdot f \cdot t - \mathbf{120}\,°) - \hat{U} \cdot \sin(2\pi \cdot f \cdot t)$$

Die Differenzspannung ist zeitabhängig. Zu bestimmten Zeitpunkten ist die Differenzspannung exakt Null, zu anderen Zeitpunkten maximal. Das können wir auch anhand der Spannungsverläufe sehen. Die Pfeile stellen dabei die Differenzspannung dar.

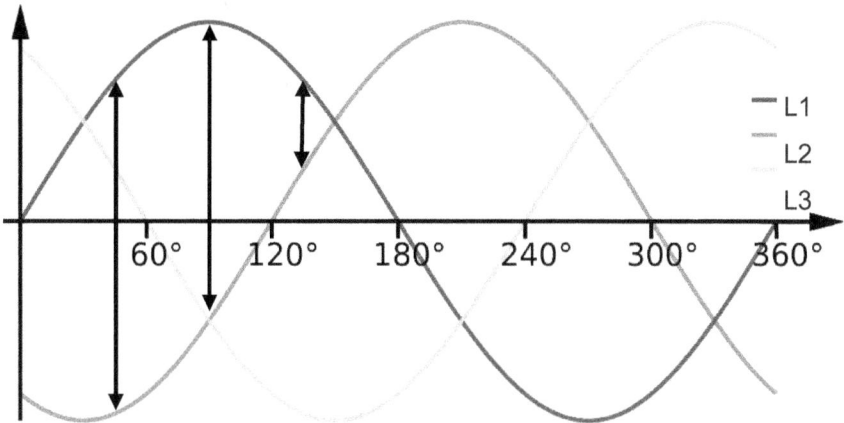

Abbildung 70 Darstellung der Differenzspannung zwischen zwei Phasen

Doch wie können wir dann mit der zeitabhängigen Differenzspannung $u_{L_1L_2}(t)$ rechnen?

Die Lösung für dieses Problem haben wir bereits kennengelernt. Da sich die Differenzspannung periodisch wiederholt, verwenden wir den Effektivwert der Differenzspannung.

Dieser kann über die Definition des Effektivwertes numerisch berechnet werden. Das resultierende Ergebnis ist simpel. Es ergibt sich ein Effektivwert von:

$$U_{L_1L_2\_Eff} = \sqrt{3} \cdot U_{L1\_N\_Eff} = \sqrt{3} \cdot U_{L2\_N\_Eff}$$

Der Effektivwert der Leiter-Leiter-Spannung ist um den Faktor Wurzel 3 größer als der Effektivwert der einzelnen Leiter gegenüber dem Neutralleiter.

Da beide Effektivwerte der Phasen L1 und L2 identisch sind, unterscheidet man diese meist nicht in der Bezeichnung.

$$U_{L1\_N\_Eff} = U_{L2\_N\_Eff} = U_{Eff} = U$$

Außerdem spricht man in Drehstromsystemen beinahe ausschließlich von Effektivwerten. Daher wird der Zusatz „Eff" häufig weggelassen. Es ergeben sich die vereinfachten Bezeichnungen:

$$U_{L_1L_2} = \sqrt{3} \cdot U$$

Der Faktor $\sqrt{3}$ wird dabei auch **Verkettungsfaktor** genannt. Dieser Zusammenhang gilt immer, wenn drei identische, um 120° verschobene Phasen verwendet werden.

Einführung Wechselstromlehre

Als Einsteiger gibt es nun mehrere Größen, die zusammenhängen. Da diese recht ähnlich sind, kann man sie leicht verwechseln. Deshalb fassen wir die wichtigsten Größen zusammen:

U_{Eff} / U: Effektivwert einer Phase gegenüber dem Neutralleiter.
Beispiel Niederspannungsnetz: 230 V

$\hat{U}$: Maximalwert der Sinusspannung *einer Phase*. Dieser ist um den Faktor $\sqrt{2}$ größer als der Effektivwert.
Beispiel Niederspannungsnetz: 325 V

$U_{L_1L_2\_Eff}$ / $U_{L_1L_2}$: Effektivwert der Spannung zwischen zwei Phasen. Dieser ist (in einem Dreiphasensystem) um den Faktor $\sqrt{3}$ größer als der Effektivwert einer einzelnen Phase gegenüber dem Neutralleiter.
Beispiel Niederspannungsnetz: 400 V (exakt 398 V)

 Die Spannungen eines Drehstromnetzes werden nach dem Effektivwert der verketteten Leiter-Leiter-Spannung benannt. Das Niederspannungsnetz wird deshalb auch als *400 V-Drehstromnetz* bezeichnet.

Nachdem wir die Begrifflichkeiten klar voneinander unterschieden haben, sehen wir uns an, warum genau drei Phasen gewählt wurden. Die Begründung liegt im zeitlichen Verlauf der Leistung des Systems. Die Leistung einer einfachen Sinusspannung ist über eine Periode unterschiedlich. Im Nulldurchgang der Spannung beispielsweise ist die Leistung nach $p(t) = u(t) \cdot i(t)$ ebenfalls Null.

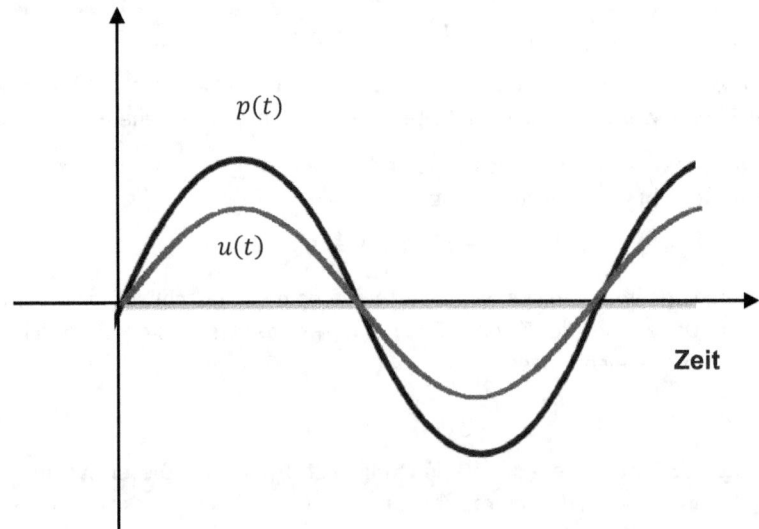

Abbildung 71 Spannungs- und Leistungsverlauf bei einem einphasigen System

Bei einem dreiphasigen System ist das jedoch nicht der Fall.

 In einem dreiphasigem Drehstromsystem teilt sich die Leistung auf alle Phasen auf. Als Resultat ist die Leistung, die wir aus dem Drehstromnetz entnehmen können, ebenfalls zu jedem Zeitpunkt konstant.

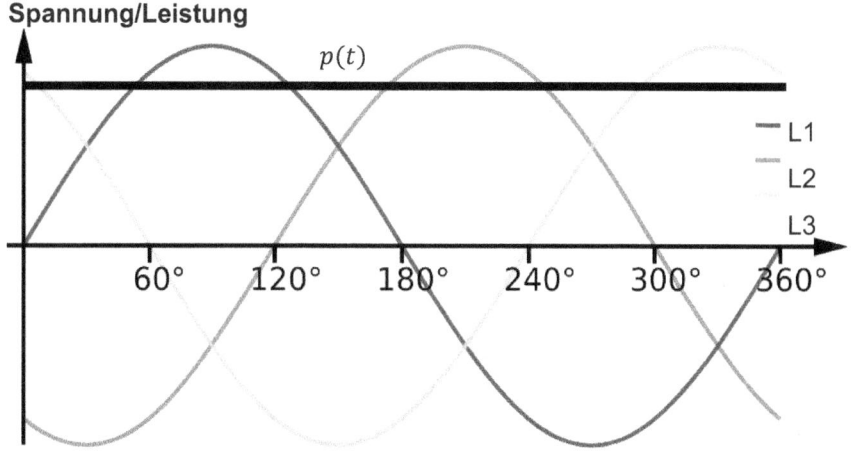

Abbildung 72 Spannungs- und Leistungsverlauf bei einem dreiphasigen System

 Dieser physikalische Zusammenhang ist *ab drei Phasen* möglich. Theoretisch wäre auch ein Vierphasensystem, mit vier Sinusschwingungen, die jeweils um 90° verschoben sind, möglich. Jedoch wäre der zusätzliche Kupferbedarf für die Kabel unverhältnismäßig für den Mehrnutzen.

Eine konstante Bereitstellung von Leistung über eine volle Spannungsperiode ist vor allem für elektrische Maschinen notwendig. Mit Hilfe eines Drehstromnetzes kann ein gleichmäßiges, magnetisches Feld zur Beschleunigung der Maschine erzeugt werden.

Eine Analogie bietet ein Verbrennermotor. Dieser erzeugt mit Hilfe mehrerer Kolben ein weitestgehend konstantes Drehmoment während einer „Benzin-Verbrennungsperiode".

Bisher haben wir uns stark auf die Makroelektronik und den Aufbau von Stromnetzen konzentriert.

Wir haben gesehen, dass ein Generator eine sinusförmige Wechselspannung generiert und dass das deutsche Stromnetz in drei Phasen aufgeteilt ist. Aber welche Eigenschaft und vor allem welche Auswirkungen hat diese alternierende Spannung auf unsere bisher bekannten Bauteile wie den Kondensator oder eine Spule?

Einführung Wechselstromlehre

13 Bauteile im Wechselstromkreis

Bisher haben wir die Bauteile und deren Verhalten bei einer konstanten Spannung kennengelernt. Daher spricht man auch vom **Gleichstromverhalten** der Bauteile. Das Schaltzeichen für eine Gleichstromquelle kennen wir ebenfalls bereits. Analog dazu beinhaltet das Schaltsymbol einer Wechselstromquelle eine Tilde bzw. einen Sinusverlauf.

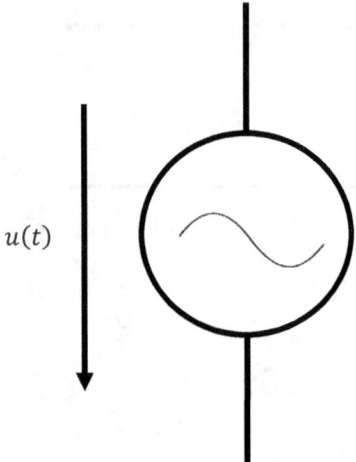

Abbildung 73 Schaltsymbol einer Wechselstromquelle

Häufig wird das Symbol verwendet, es ist jedoch kein genormter Standard. Alternativ kann auch das Symbol einer Gleichstromquelle verwendet und die Funktion angeschrieben werden.

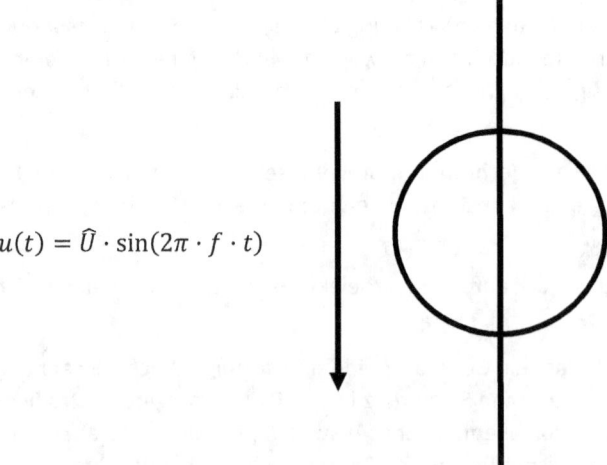

Abbildung 74 Alternatives Schaltsymbol einer Wechselstromquelle

Wir werden jedoch sehen, dass sich Bauteile wie eine Spule oder ein Kondensator entscheidend anders verhalten. Zunächst sehen wir jedoch ein Bauteil an, das sich weitestgehend gleich verhält. Die Rede ist von einem ohmschen Widerstand.

13.1 Der Widerstand

Ein Widerstand im Stromkreis ist ein Hindernis für den Strom. Das gilt auch für den Wechselstromkreis. Die einfachste Schaltung besteht aus einer Wechselspannungsquelle und einem einfachen Widerstand.

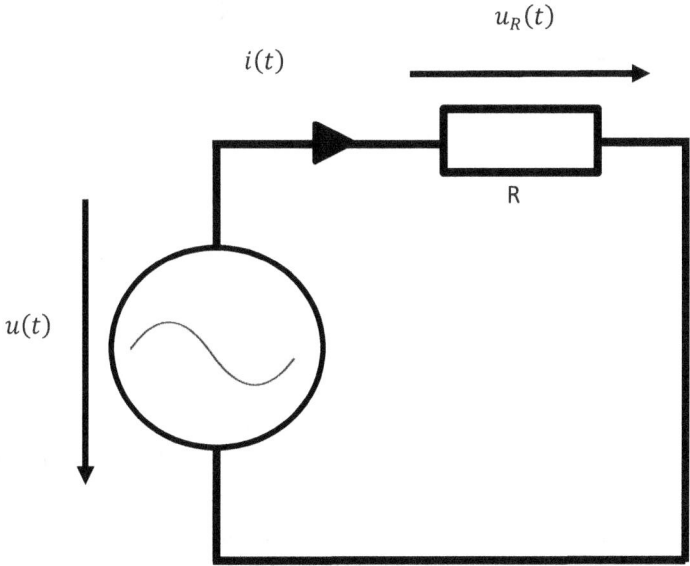

Abbildung 75 Schaltplan eines Widerstands im Wechselstromkreis

Wenn eine Wechselspannung an einen ohmschen Widerstand angelegt wird, fließt der Strom zu jedem Zeitpunkt mit dem Wert.

$$I = \frac{U}{R}$$

Da es sich bei der Wechselspannung um eine Größe handelt, die sich zeitlich ändert, ergibt sich ein Stromverlauf, der dem Spannungsverlauf folgt

$$i(t) = \frac{\hat{U}}{R} \cdot \sin(2\pi \cdot f \cdot t) = \hat{I} \cdot \sin(2\pi \cdot f \cdot t)$$

Die Phasenverschiebung ist demnach gleich null. $\varphi = 0$

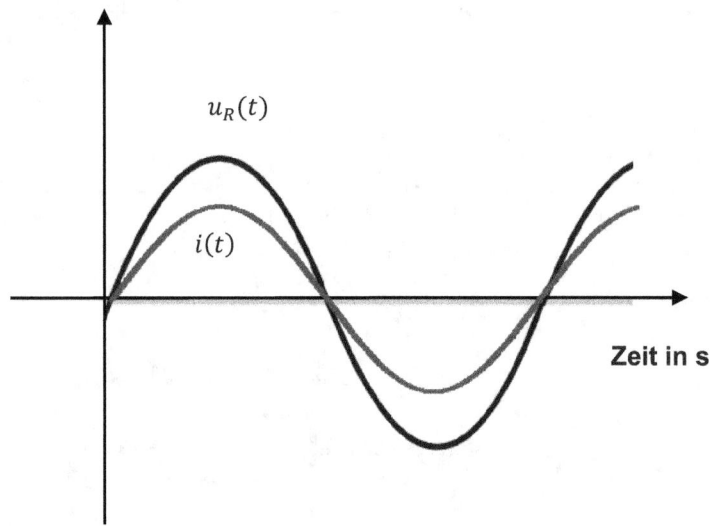

Abbildung 76 Strom und Spannungsverlauf an einem Widerstand im Wechselstromkreis

In der Praxis ist es unmöglich, einen perfekten Widerstand zu produzieren. Jeder Widerstand enthält daher minimale Eigenschaften einer Spule und eines Kondensators.

Diese meistens unerwünschten Eigenschaften treten abhängig von der Qualität des Widerstandes erst bei sehr hohen Frequenzen auf.

Wenn man ein solches Verhalten beobachten kann, spricht man auch von parasitären Effekten. Was das genau bedeutet, werden wir verstehen, nachdem wir uns das Verhalten des Kondensators und der Spule im Wechselstromkreis angeschaut haben.

13.2 Der Kondensator

Der Kondensator besitzt die Fähigkeit, elektrische Ladungen zu speichern, jedoch nur für kürzere Zeitspannen.

Das macht Kondensatoren perfekt, um schwankende Spannungen und Ströme zu stützen. Der Kondensator dient als Pufferspeicher, wenn eine Spannungsquelle die benötigte Stromstärke nicht zur Verfügung stellen kann.

Da der Kondensator vereinfacht lediglich aus zwei gegenüberliegenden Platten besteht, ist er innerhalb eines Gleichstromkreises ein unendlich großer Widerstand. Schließlich können die Elektronen nicht von einer zur anderen Seite „springen".

Anders sieht es jedoch aus, wenn wir den Kondensator im Wechselstromkreis betreiben, beispielsweise an einem periodischen Sinussignal.

Die Wechselspannung nimmt dabei im gleichbleibenden Intervall zu und ab. Dabei werden die Kondensatorplatten ebenfalls ge- und entladen. Auch das elektrische Feld zwischen den Kondensatorplatten nimmt zu, erreicht einen Höhepunkt und nimmt wieder ab.

 Dadurch kann die Wechselspannung von einer auf die andere Platte übertragen werden, **vollkommen ohne Berührung**.

Über einen Kondensator und dessen elektrischem Feld kann ein Wechselstromsignal übertragen werden. Dabei findet kein wirklicher Stromfluss statt. Der Strom, welcher zum Aufbau des elektrischen Feldes benötigt wird, wird deswegen auch als **Blindstrom** bezeichnet wird.

Die Größe des Kondensators bzw. dessen Kapazität bestimmt, wie schnell die Ladungen dadurch die Spannung verschoben werden können. Dementsprechend wird auch festgelegt, wie „gut" die Spannungsübertragung stattfinden kann. Deshalb spricht man auch davon, dass der Kondensator einen **Blindwiderstand** im Wechselstromkreis darstellt. Die Energie, die übertragen wird, wird auch als Blindenergie bezeichnet. Aber wie sieht ein Spannungsverlauf konkret aus, wenn wir eine sinusförmige Spannung an einen Kondensator anlegen? Dafür verwenden wir wiederum die einfachste Schaltung, bestehend aus einer Wechselspannungsquelle und einem Kondensator.

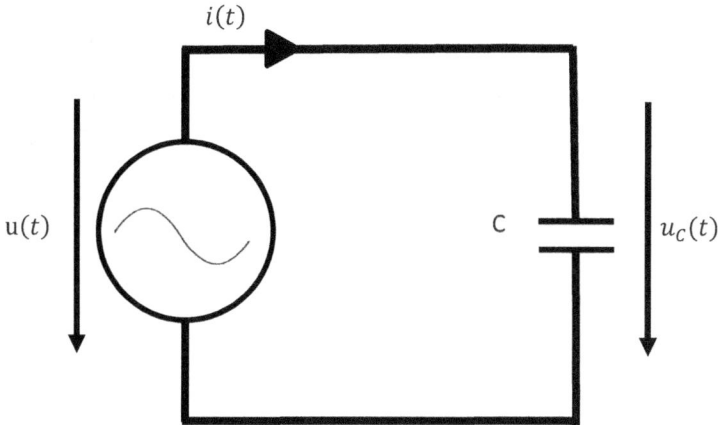

Abbildung 77 Schaltplan eines Kondensators im Wechselstromkreis

Bauteile im Wechselstromkreis

Der Spannungsverlauf folgt dem der Spannungsquelle und ist sinusförmig. Doch wie ist der Strom $i(t)$, der die Schaltung durchströmt?

Dazu überlegen wir uns wiederum, wann am meisten Strom fließen kann. Das ist der Fall, wenn möglichst wenig Ladungen auf den Platten vorhanden und die Potenziale auf den Platten stark unterschiedlich sind. In diesem Moment können maximal viele Elektronen verschoben werden, und der Strom besteht bekanntlich aus bewegten Elektronen.

Wenn die Spannung anschließend konstant bleibt, wird der Stromfluss geringer und geht gegen null. Dieses Verhalten haben wir beispielsweise beim Auf- und Entladen des Kondensators gesehen.

In einem Kondensator fließt immer dann ein Strom in den Kondensator hinein oder aus dem Kondensator hinaus, wenn sich die angelegte Spannung ändert. Beim Wechselstromkreis ist das dauerhaft der Fall. Die Stärke des Stroms hängt dabei von der **Änderung der Spannung** ab. Beispielsweise ändert sich die Spannung am Scheitelwert kaum. Dort ist der Stromfluss ebenfalls gleich null. In den Nulldurchgängen der Spannung hingegen fällt die Spannung rapide und wechselt dabei das Vorzeichen. Dort ist der Stromfluss maximal.

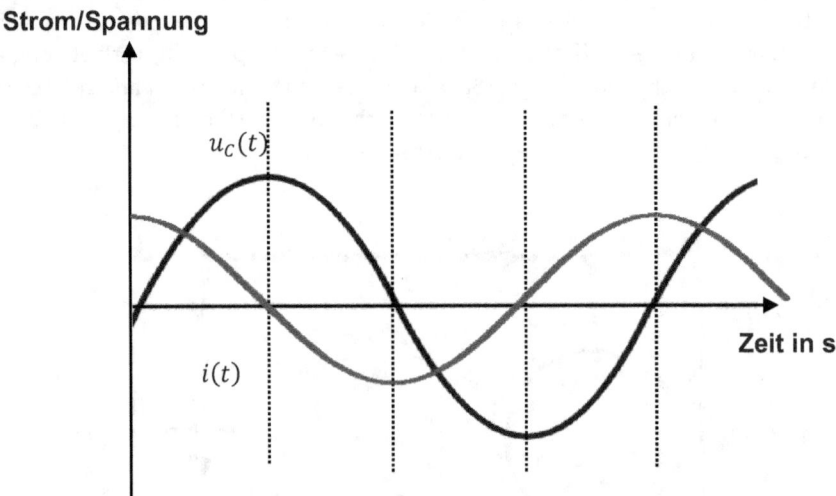

Abbildung 78 Strom und Spannungsverlauf an einem Kondensator im Wechselstromkreis

Anhand der Signalverläufe können wir die Auswirkungen des kapazitiven Blindwiderstandes sehen.

Es ergibt sich ein Stromverlauf, der auf der Zeitachse um eine Viertelperiode (bzw $\varphi = -90°$.) $\varphi = -\frac{\pi}{2}$ nach **links** verschoben ist.

 Ein beliebter Merkspruch in der Elektrotechnik dabei lautet: „Beim Kondens**ator** eilt der Strom (der Spannung) **vor**."

Die Phasenverschiebung ist dabei immer gleich. Dieser Blindwiderstand ist jedoch nicht konstant. Er hängt von zwei Dingen ab: zum einen von der Kapazität des Kondensators. Je höher die Kapazität ist, umso leichter können neue Ladungsträger auf die Platten des Kondensators gelangen und umso leichter kann er ge- bzw. entladen werden. Eine größere Kapazität erzeugt einen geringeren Blindwiderstand.

Als Zweites hängt der Widerstand von der Änderungsrate der Spannungswelle ab.

 Eine sich langsam ändernde Sinuswelle kann deutlich schlechter übertragen werden als eine, die sich schnell ändert. Die Einheit, wie schnell, bzw. wie oft sich die Sinuswelle in einer Periode ändert, kennen wir bereits. Es ist die Frequenz f.

Das bringt uns zu einem frequenzabhängigen Blindwiderstand. Er wird mit dem Symbol X_C abgekürzt und kann berechnet werden zu:

$$X_C = -\frac{1}{\omega \cdot C} = -\frac{1}{2\pi f \cdot C}$$

 Das Minuszeichen ergibt sich dadurch, dass die Verschiebung des Stroms im Verhältnis zur Spannung negativ ist. Für die reinen Effektivwertbetrachtungen ist das Minuszeichen meistens zu vernachlässigen. Oftmals wird es daher vereinfachend weggelassen.

$$X_C = \frac{1}{\omega \cdot C} = \frac{1}{2\pi f \cdot C}$$

Da es sich um einen Widerstand handelt, ist die Einheit des Blindwiderstands ebenfalls das Ohm Ω.

Auch beim Kondensator können wir nur sehr schwer den momentanen Strom oder die Wirkleistung ermitteln. Deshalb bedienen wir uns den Effektivwerten der Sinusspannungen. Diese hängen über das „ohmsche Gesetz des Wechselstromkreises" zusammen.

$$U_{Eff} = X_C \cdot I_{Eff}$$

 Wir sehen, warum wir uns mit den Effektivwerten der Spannungen vertraut gemacht haben. Dadurch können wir im Wechselstromkreis ähnliche Formeln wie im Gleichstromkreis verwenden.

An einen Kondensator mit der Kapazität von 1 µF wird eine sinusförmige Spannung mit einer Frequenz von $f = 100\,Hz$ angeschlossen. Wie groß ist der Blindwiderstand des Kondensators in diesem Fall?

Lösung:
$$X_C = \frac{1}{\omega \cdot C} = \frac{1}{2\pi \cdot 100\,Hz \cdot 1 \cdot 10^{-6}F} = 1591\,\Omega$$

 Wie groß ist der Blindwiderstand eines Kondensators mit einer Kapazität von 47 µF, wenn wir diesen an das Niederspannungsnetz anschließen ($U_{Eff} = 230\,V, f = 50\,Hz$)? Wie groß ist der Effektivwert des Stroms, der dabei durch den Kondensator fließt?

$$X_C = \frac{1}{\omega \cdot C} = \frac{1}{2\pi \cdot 50\,Hz \cdot 47 \cdot 10^{-6}F} = 67{,}73\,\Omega$$

$$U_{Eff} = X_C \cdot I_{Eff}$$
$$I_{Eff} = \frac{U_{Eff}}{X_C} = \frac{230\,V}{67{,}73\,\Omega} = 3{,}4\,A$$

Auch wenn die Formeln für den Wechselstromkreis sehr ähnlich zu denen aus dem Gleichstromkreis sind, müssen wir stets beachten, dass wir mit Effektivwerten und nicht mit Spitzenwerten rechnen.

 Ein Beispiel ist unser Stromnetz. Dieses weist eine effektive Spannung von $U_{Eff} = 230\,V$ auf. Wenn ein Netzteilhersteller eine Schaltung auslegt, die an das Netz angeschlossen wird, muss er beachten, dass der Spitzenwert der Spannung entscheidend ist. Es genügt **nicht**, wenn er sich einen Kondensator mit einer maximalen Spannungsfestigkeit von beispielsweise 250 V kauft. Denn die Spitzenwerte der Sinusspannung beträgt, $U_{Eff} \cdot \sqrt{2}$ also circa 325 V. Ein Kondensator mit einer maximalen Spannungsfestigkeit von 250 V würde bei der Inbetriebnahme sofort explodieren.

13.3 Die Spule

Auch im Wechselstromkreis weist die Spule viele Parallelen zum Kondensator auf.

Eine stromdurchflossene Spule besitzt die Fähigkeit, ein magnetisches Feld aufzubauen und dadurch elektrische Energie zu speichern. Deshalb werden Spulen beispielsweise in Transformatoren verwendet.

Ein weiterer Aspekt ist die Selbstinduktion der Spule. Diese verhindert das rasante Ansteigen eines Stroms innerhalb der Spule, beispielsweise beim Einschalt- und Ausschaltvorgang einer Spule.

Durch die Selbstinduktion wird der Aufbau des Stroms gebremst. Daher entsteht durch die Selbstinduktion ein Widerstand für den Strom — ein Blindwiderstand.

Bei der Spule spricht man dabei von einen induktiven Blindwiderstand.

Beim Kondensator ist der Blindwiderstand durch das elektrische Feld zwischen den Platten entstanden, bei der Spule durch das magnetische Feld bei der Selbstinduktion.

Wenn eine Spannung angelegt wird, wollen die Elektronen durch den Draht der Spule fließen, werden jedoch vom magnetischen Feld, das sich aufbaut, gebremst.

Beim Wechselstrom ist dieser Effekt verstärkt, denn der Wechselstrom baut in der Spule ständig ein magnetisches Feld auf und wieder ab. Beim Aufbau des Feldes nimmt die Spule Energie auf und speichert diese. Beim Abbau des Magnetfeldes gibt die Spule die Energie wieder ab.

Auch bei der Spule schauen wir uns den Stromverlauf an, wenn wir eine sinusförmige Spannung an die Spule anlegen. Dafür verwenden wir wiederum die einfachste Schaltung, bestehend aus einer Wechselspannungsquelle und einer Spule.

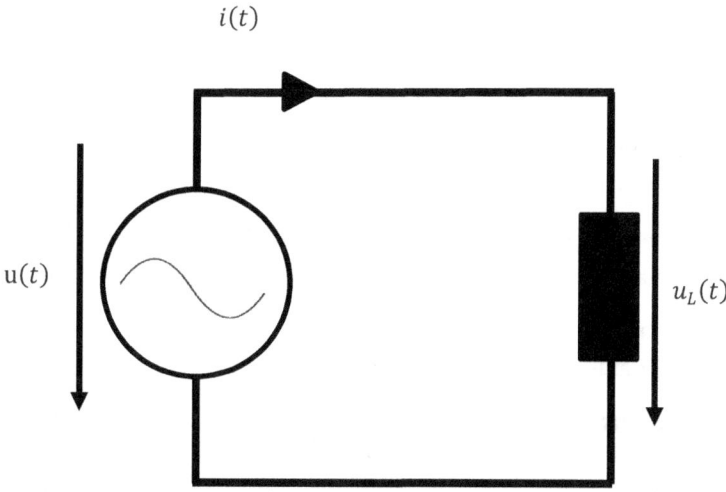

Abbildung 79 Schaltplan einer Spule im Wechselstromkreis

Analog zum Vorgehen beim Kondensator überlegen wir uns, wann am meisten Strom fließen kann. Da der Aufbau des magnetischen Feldes Energie benötigt, verzögert sich der Strom in der Spule gegenüber der Spannung.

In der Spule kann am meisten Strom fließen, wenn sich die Spannung stark ändert. Das ist in den Nulldurchgängen des sinusförmigen Spannungsverlaufs der

Bauteile im Wechselstromkreis

Fall. Dort wird auch keine Energie mehr für den Aufbau des magnetischen Feldes benötigt. In diesem Punkt ist es maximal.

Wenn die Spannung hingegen einen Spitzenwert erreicht, sind die Änderung und der Strom nahezu Null.

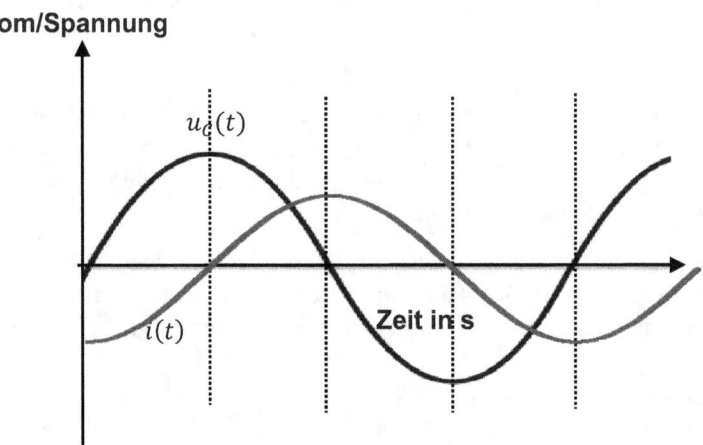

Abbildung 80 Strom und Spannungsverlauf an einer Spule im Wechselstromkreis

Anhand der Signalverläufe können wir die Auswirkungen des induktiven Blindwiderstandes sehen.

Es ergibt sich ein Stromverlauf, der um eine Viertelperiode (b)$\varphi = 90°$. $\varphi = \frac{\pi}{2}$) nach **rechts** verschoben ist.

 Der analoge Merkspruch dabei lautet für die Spule:
„Bei der Induk**tivität** kommt der Strom zu **spät**."

Der induktive Blindwiderstand ist ebenfalls nicht konstant. Er hängt von zwei Dingen ab, zum einen von der Induktivität der Spule. Je höher die (Selbst-) Induktivität der Spule ist, umso größer ist das entstehende Magnetfeld und umso mehr Energie wird benötigt, um es aufzubauen. Eine größere Induktivität erzeugt einen größeren Blindwiderstand.

Als Zweites hängt der Widerstand von der Frequenz der angelegten Sinusspannung ab.

 Eine sich schnell ändernde Sinuswelle baut häufiger ein magnetisches Feld auf und kann dadurch deutlich schlechter übertragen werden als eine Sinuswelle mit einer niedrigen Frequenz.

Das bringt uns zu einem frequenzabhängigen Blindwiderstand. Er wird mit dem Symbol X_L abgekürzt und kann berechnet werden zu:

$$X_L = \omega \cdot L = 2\pi f \cdot L$$

Alle weiteren Eigenschaften und Formeln bezüglich des Blindwiderstands sind identisch. So ist die Einheit des induktiven Blindwiderstandes ebenfalls das Ohm Ω. Auch das „ohmsche Gesetz der Wechselstromlehre" können wir anwenden

$$U_{Eff} = X_L \cdot I_{Eff}$$

An einer Spule mit der Induktivität von 1 µH wird eine sinusförmige Spannung mit einer Frequenz von $f = 100\ kHz$ angeschlossen. Wie groß ist der Blindwiderstand der Spule in diesem Fall?

Lösung:
$$X_L = \omega \cdot L = 2\pi \cdot 1 \cdot 10^5 Hz \cdot 1 \cdot 10^{-6}\ H = 0{,}63\ \Omega$$

Wie groß ist der Blindwiderstand einer Spule mit einer Induktivität von 47 mH, die wir an das Niederspannungsnetz anschließen ($U_{Eff} = 230\ V$, $f = 50\ Hz$)? Wie groß ist der Effektivwert des Stroms, der dabei durch den Kondensator fließt?

$$X_L = \omega \cdot L = 2\pi \cdot 50\ Hz \cdot 470 \cdot 10^{-3}\ H = 14{,}8\ \Omega$$

$$U_{Eff} = X_C \cdot I_{Eff}$$
$$I_{Eff} = \frac{U_{Eff}}{X_L} = \frac{230\ V}{14{,}8\ \Omega} = 15{,}5\ A$$

Auch hier müssen wir stets beachten, dass wir mit Effektivwerten und nicht mit Spitzenwerten rechnen.

Beim letzten Beispiel erhalten wir einen effektiven Strom $I_{Eff} = 15{,}5\ A$. Der Spitzenwert des Sinusstroms beträgt jedoch $I_{Eff} \cdot \sqrt{2}$, also circa 22 A.

Eine Sicherung, die in der Spitze maximal 20 A aushält, würde demnach auslösen.

Eine haushaltsübliche 16 A-Sicherung würde jedoch sehr wahrscheinlich nicht auslösen, da diese auf den Effektivwert und nicht auf den Spitzenwert genormt sind.

Strenggenommen lösen Sicherungen durch Erwärmung bzw. unterschiedliche Ausdehnung eines Bimetalls aus. Die Erwärmung ist jedoch lediglich von der umgesetzten Leistung, also vom Effektivwert, abhängig.

Bauteile im Wechselstromkreis

Nachdem wir mit dem Blindwiderstand vertraut sind, schauen wir uns verschiedene Leistungsarten an, die durch die Verschiebung von Strom und Spannung entstehen.

13.4 Wirk-, Blind- und Scheinleistung

Eine Größe, die auf den ersten Blick recht unanschaulich scheint, ist die **Blindleistung Q**.

Die Blindleistung ist das Analogon zur „normalen" Leistung P im Gleichstromkreis. Um die Leistungsarten zu trennen, wird die Leistung P auch Wirkleistung genannt.

Die Wirkleistung ist die Leistung, die an den Bauteilen angreift, beispielsweise einen Widerstand erwärmt. Ihre Einheit ist das Watt. Sie tritt auf, wenn Strom und Spannung **gleichzeitig wirken**.

$$p(t) = u(t) \cdot i(t)$$

Auch hier benötigen wir eine Erweiterung für Wechselspannungsgrößen. Es ergibt sich der Zusammenhang der Wirkleistung aus den Effektivwerten von Strom und Spannung sowie der relativen Phasenverschiebung und wir folgendermaßen berechnet:

$$P = U_{Eff} \cdot I_{Eff} \cdot \cos \varphi$$

Die Blindleistung hingegen ist die Leistung, die durch den Phasenversatz zwischen Strom und Spannung entsteht. Blindleistung bringt daher keinen Motor zum Drehen, keine LED zum Leuchten und keine Heizstäbe zum Heizen.

Dabei handelt es sich um eine reine **Stromverschiebung**, beispielsweise um einen Kondensator oder eine Spule zu laden.

Die Blindleistung wird mit der Größe Q abgekürzt. Die Einheit wurde bewusst nicht zu Watt gewählt, damit eine Abgrenzung von der Wirkleistung stattfindet. Die Einheit ist stattdessen Volt-Ampere-Reactive, kurz **var**.

Die Blindleistung lässt sich mit Hilfe der Effektivwerte von Strom und Spannung sowie der relativen Phasenverschiebung berechnen:

$$Q = U_{Eff} \cdot I_{Eff} \cdot \sin \varphi$$

Wir müssen beachten, dass die Formelzeichen Q auch für die Ladung verwendet wird. Daher ist der Kontext wichtig, in dem wir das Formelzeichen verwenden.

Meistens ist die Blindleistung ein Nebeneffekt, der beim Laden und Entladen von Kondensatoren und Spulen auftritt. Beispielsweise müssen die Netzbetreiber immer darauf achten, dass die Blindleistung im Stromnetz kompensiert wird. Ansonsten finden Spannungsüberhöhungen oder Spannungseinbrüche statt. Diese können auftreten, wenn beispielsweise große induktive Maschinen eingeschaltet werden. Als Reaktion müssen die Netzbetreiber riesige Spulen oder Kondensatoren dazuschalten, um dem entgegenzuwirken.

Abbildung 81 Kompensationsspule im Stromnetz zur Blindleistungskompensatiion

Quelle: https://www.dehn-international.com/en/node/1252

Denn wie die Namensgebung es schon vermuten lässt, tritt bei einem induktiven (Spule) oder kapazitiven (Kondensator) Blindwiderstand ausschließlich Blindleistung auf. Bei einer Phasenverschiebung von Strom und Spannung von genau 90° tritt **ausschließlich** Blindleistung auf. Das bestätigen auch die Formeln, die wir kennengelernt haben:

Für Spule und Kondensator gilt:

$P = U_{Eff} \cdot I_{Eff} \cdot \cos \varphi = U_{Eff} \cdot I_{Eff} \cdot \cos \pm 90° = U_{Eff} \cdot I_{Eff} \cdot 0 = \mathbf{0}$

$Q = U_{Eff} \cdot I_{Eff} \cdot \sin \varphi = U_{Eff} \cdot I_{Eff} \cdot \sin \pm 90° = U_{Eff} \cdot I_{Eff} \cdot \pm 1$

$= \pm U_{Eff} \cdot I_{Eff}$

Für den idealen, ohmschen Widerstand, der keine Blindwiderstandskomponenten enthält, gilt hingegen:

$P = U_{Eff} \cdot I_{Eff}$

$Q = 0$

Bauteile im Wechselstromkreis

Eine weitere Leistungsgröße, welche die beiden Leistungsarten Wirk- und Blindleistung zusammenführt, ist die **Scheinleistung S.**

Die Scheinleistung ist im Wechselstromkreis das Produkt aus Effektivwert der Spannung und des Stroms. Die Einheit ist dementsprechend **Volt-Ampere VA**. Im Gleichstromkreis entspricht das Volt-Ampere gleich dem Watt. Im Wechselstromkreis werden die Einheiten bewusst unterschiedlich verwendet.

$$S = U_{Eff} \cdot I_{Eff}$$

Scheinleistung, Wirkleistung und Blindleistung hängen über ein Leistungs-Dreieck zusammen:

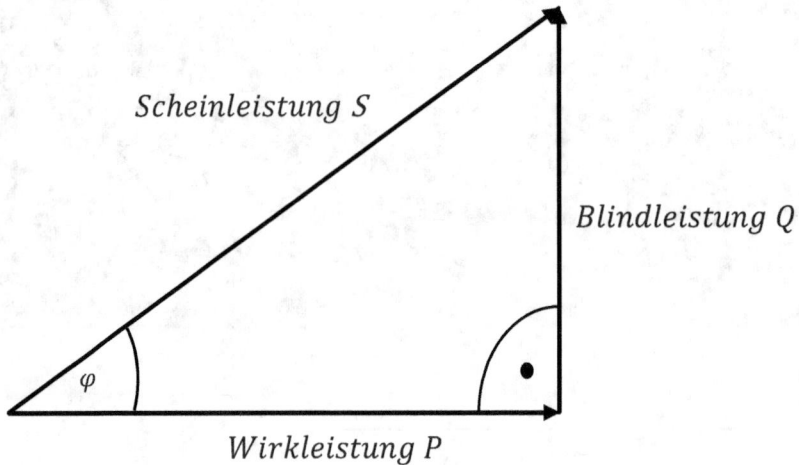

Abbildung 82 Leistungsdreieck im Wechselstromkreis

Jetzt verstehen wir auch die Formeln und Zusammenhänge der drei Leistungsarten. Dabei handelt es sich um das Anwenden vom Satz des Pythagoras bzw. des Cosinus und Sinus

$$S^2 = P^2 + Q^2$$
$$\sin \varphi = \frac{Q}{S} \rightarrow Q = S \cdot \sin \varphi = U_{Eff} \cdot I_{Eff} \cdot \sin \varphi$$
$$\cos \varphi = \frac{P}{S} \rightarrow P = S \cdot \cos \varphi = U_{Eff} \cdot I_{Eff} \cdot \cos \varphi$$

In praktischen Anwendungen, wie dem bereits genannten europäischen Stromnetz, strebt man einen hohen Anteil an Wirkleistung und einen niedrigen Anteil an Blindleistung an. Dementsprechend soll $cos\,\varphi$ nahe an Eins herankommen. Daher wird der Faktor $cos\,\varphi$ auch als **Wirkfaktor** beschrieben. Denn er gibt das Verhältnis von Wirk- zu Scheinleistung an und wird häufig in Prozent angegeben.

Ein Induktionsherd wird aus dem öffentlichen Stromnetz ($U_{Eff} = 230\,V, f = 50\,Hz$) gespeist. Dabei nimmt er eine Wirkleistung von $P = 4\,kW$ und eine induktive Blindleistung von $Q = 3\,kVA$ auf.

Wie hoch ist die Scheinleistung S?

Wie hoch ist der Effektivstrom? I_{Eff}

Wie hoch ist der Wirkfaktor?

Um welchen Winkel sind Strom und Spannung verschoben?

Wie könnte man den Wirkfaktor erhöhen (Blindleistung kompensieren)?

Lösung:

$$S^2 = W^2 + Q^2$$

$$S = \sqrt{W^2 + Q^2} = \sqrt{(4\,kW)^2 + (3\,kvar)^2} = \mathbf{5\,kVA}$$

$$S = U_{Eff} \cdot I_{Eff} \rightarrow I_{Eff} = \frac{S}{U_{Eff}} = \frac{5\,kVA}{230\,V} = \mathbf{21{,}74\,A}$$

Der Wirkfaktor ist dabei: $cos\,\varphi = \frac{W}{S} = \frac{4\,kW}{5\,kVA} = 0{,}8 = \mathbf{80\,\%}$

Verschiebungswinkel: $cos\,\varphi = 0{,}8 \rightarrow arccos(0{,}8) = \mathbf{36{,}9°}$

(Taschenrechner hierbei auf **Degree** stellen)

Um eine induktive Blindleistung zu kompensieren, muss kapazitive Blindleistung zugeschaltet werden. Man könnte daher einen Kondensator parallel zum Induktionsherd anschließen.

13.5 Der elektromagnetische Schwingkreis

Als Letztes schauen wir uns eine häufig verwendete Schaltung an, die es ermöglicht, dass wir jede Art der kabellosen Übertragung nutzen können.

Bei der Schaltung handelt es sich um einen **LC-Schwingkreis**. Der eine oder andere mag es vielleicht schon erraten haben, der LC-Schwingkreis steht dabei für eine Schaltung, bestehend aus einer Spule (L) und einem Kondensator(C).

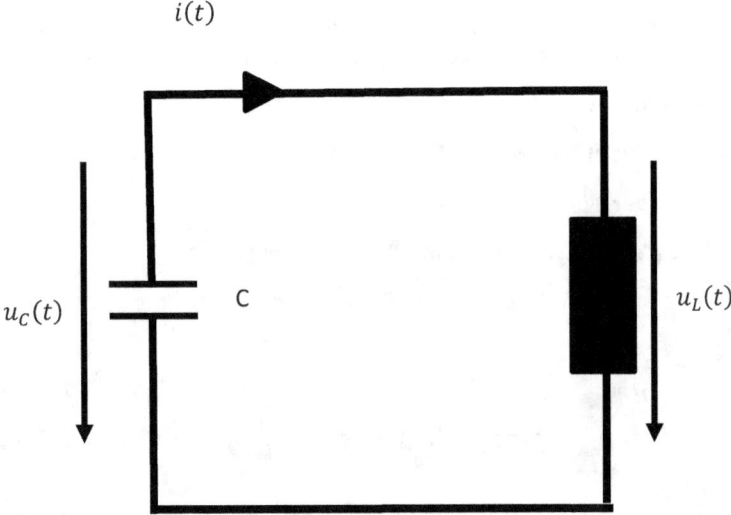

Abbildung 83 Schaltplan eines elektromagnetischen Schwingkreises

Diese Schaltung besteht ausschließlich aus passiven Elementen, nämlich einer Spule und einem Kondensator. Eine Spannungsquelle sucht man vergebens.

Damit die Schaltung beginnt zu schwingen, muss der Schaltung Energie zugeführt werden. Das ist beispielsweise möglich, indem man von außen für einen kurzen Moment ein elektrisches oder magnetisches Feld anlegt.

Für das Beispiel gehen wir von folgenden Anfangszuständen aus:

- Der Kondensator ist vollständig aufgeladen. Das E-Feld ist daher maximal und über den Kondensator liegt die maximale Spannung an

- Der Strom in der Schaltung ist gleich null. Die Spule hat daher kein Magnetfeld aufgebaut, und die Spannung an der Spule ist betragsmäßig gleich der Spannung am Kondensator.

Analog könnten wir auch betrachten, was passiert, wenn zuerst die Spule aufgeladen wäre. Ebenso sind alle Zwischenstadien vollkommen gleichwertig. Für dieses Beispiel sei jedoch lediglich der Kondensator zum Zeitpunkt $t = 0$ vollständig aufgeladen.

Nachdem der Schaltung Energie zugeführt wurde, möchte sich der Kondensator entladen. (siehe 9.2 Entladen des Kondensators.

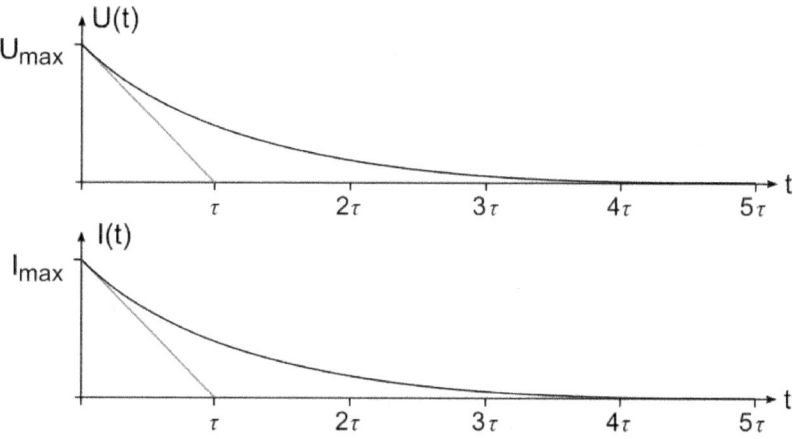

Abbildung 84 Entladekurven eines Kondensators

Wir erinnern uns, dass dabei der Anfangsstrom maximal ist und allmählich abklingt. Das ist bei der Schaltung jedoch nicht möglich, da die Spule einen sprunghaften Anstieg des Stromes zum Zeitpunkt $t = 0\ s$ verhindert. Stattdessen kann der Strom nur langsam ansteigen. Es ergibt sich ein Strom-Spannungsverlauf, der in der folgenden Abbildung dargestellt ist.

Strom/Spannung

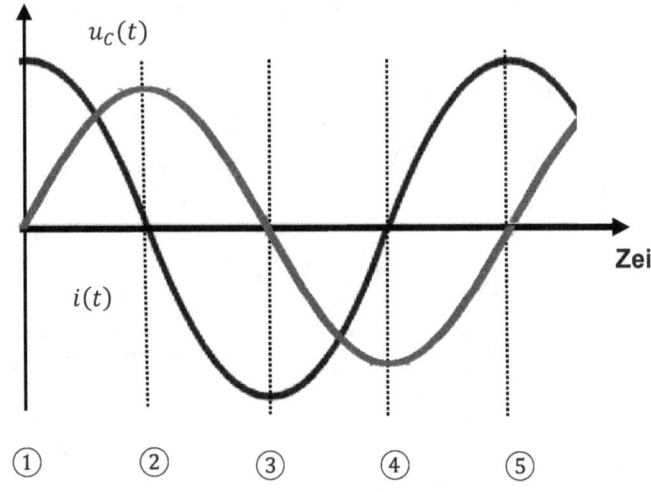

Abbildung 85 Strom- und Spannungsverlauf in einem elektromagnetischem Schwingkreis

① Die Energie, die im elektrischen Feld des Kondensators gespeichert ist, wird abgebaut. Gleichzeitig steigen der Strom und das daraus resultierende magnetische Feld um die Spule. Die Energie fließt aus dem elektrischen Feld in das magnetische Feld.

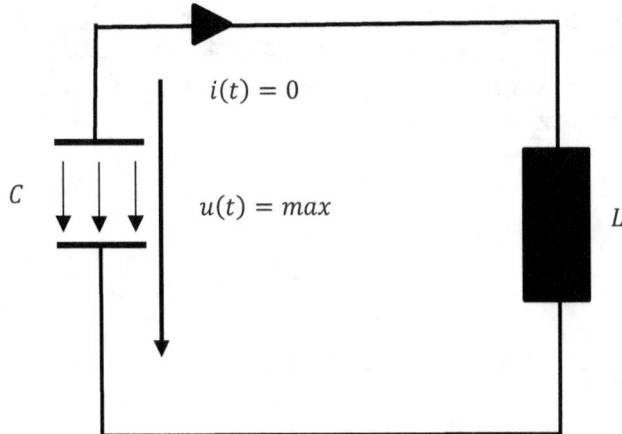

Abbildung 86 Ausgangszustand der elektromagnetischen Schwingung

② Nach einer Zeit ist der Kondensator vollständig entladen. Der Stromfluss und das magnetische Feld sind maximal.

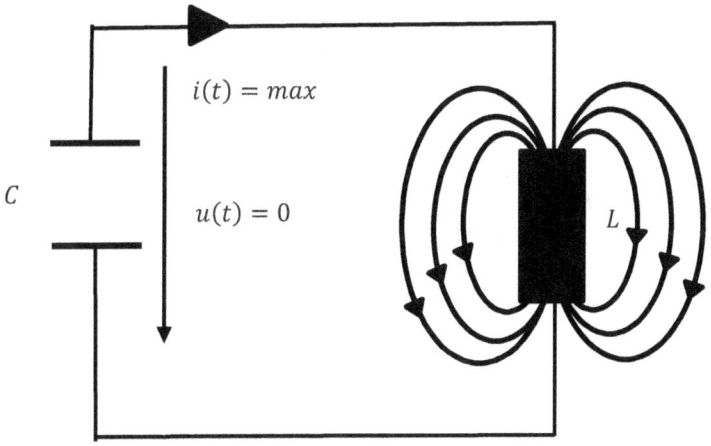

Abbildung 87 Das magnetische Feld ist voll ausgebildet

Die Induktivität der Spule verhindert nun jedoch auch das abrupte Stoppen des Stroms. Wir erinnern uns, dass die Spule wie ein großes Schaufelrad dafür sorgt, dass der Strom weiterhin fließt. Als Konsequenz nimmt der Strom langsam ab und lädt dabei den Kondensator negativ auf. Gleichzeitig baut sich das magnetische Feld um die Spule herum ab. Die Energie wird zum Aufbau des elektrischen Feldes verwendet.

(3) Nachdem der Strom vollkommen abgeklungen ist und der Strom der Schaltung zu null geworden ist, beginnt der ganze Vorgang von vorn. Der Kondensator ist diesmal umgekehrt gepolt, daher ist die Spannung maximal negativ.

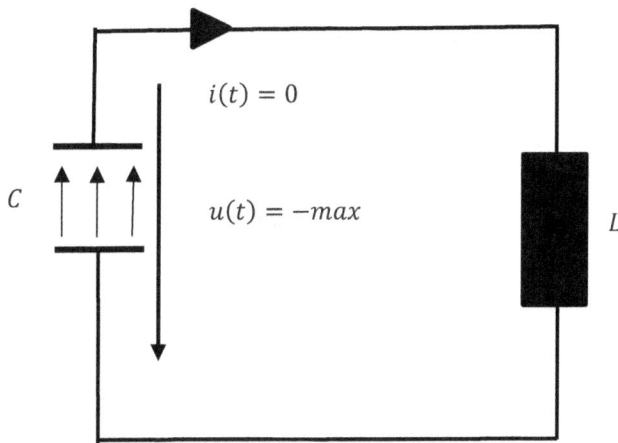

Abbildung 88 Der Kondensator ist umgekehrt aufgeladen

Bauteile im Wechselstromkreis

Anschließend entlädt sich der Kondensator erneut, der Strom ändert dabei die Richtung und steigt an. Das magnetische Feld bildet sich ebenfalls erneut aus. Da der Strom in die andere Richtung fließt, ist der Strom in unserem Pfeilsystem negativ, ebenso das entstehende B-Feld.

④ Analog zu Stadium ② ist der Kondensator vollständig entladen. Die Spannung ist entsprechend gleich null. Der Stromfluss und das Magnetfeld sind maximal. Der Strom lädt den Kondensator wiederum auf, während sich das magnetische Feld abbaut.

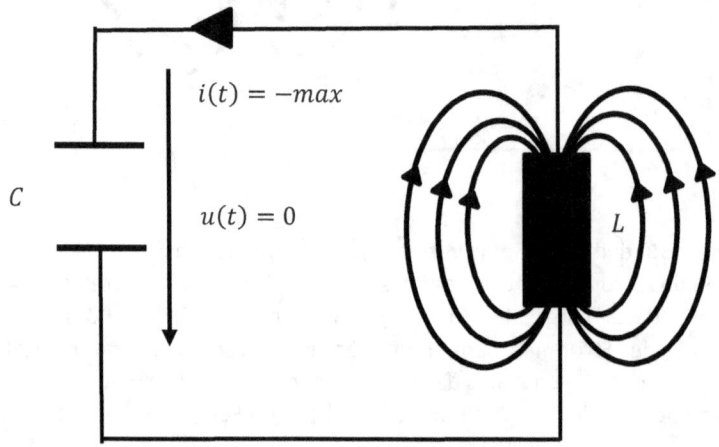

Abbildung 89 Der Stromfluss ändert seine Richtung

⑤ Der Anfangszustand ist wieder erreicht. Ab hier wiederholt sich der Vorgang. Es entsteht eine harmonische Schwingung.

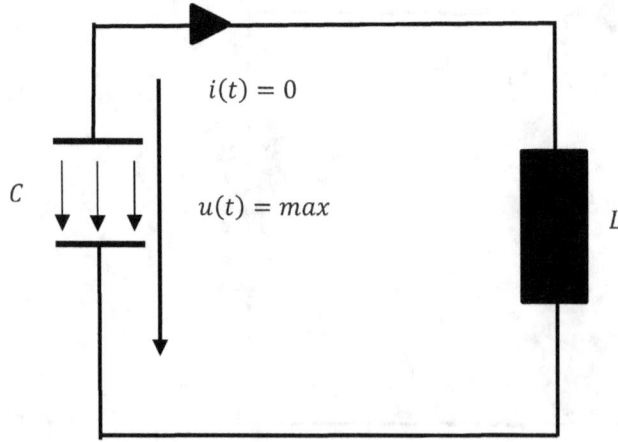

Abbildung 90 Der Anfangszustand ist wieder erreicht

Deshalb wird die Schaltung auch **LC-Schwingkreis** oder **elektromagnetischer Schwingkreis** genannt. In diesem wird die Energie abwechselnd vom elektrischen und magnetischen Feld gespeichert.

Die Frequenz der Schwingung, also wie schnell die Energie zwischen den Bauteilen „hin- und hergeschoben" werden kann, können wir anhand der Parameter von Kondensator und Spule berechnen.

Herleitung

Um herzuleiten, mit welcher Frequenz der Schwingkreis schwingt, schauen wir uns den Widerstand der Schaltung an. Der Widerstand der Gesamtschaltung ergibt sich dabei aus der Serienschaltung der Widerstände von Kondensator und Spule. Dabei werden die Widerstände addiert.

$$X_C = \frac{1}{\omega \cdot C} \ ; \ X_L = \omega \cdot L$$

$$X_{LC} = X_L + X_C = \omega \cdot L - \frac{1}{\omega \cdot C}$$

In diesem Kontext ist das Minuszeichen des kapazitiven Blindwiderstandes zu beachten. Der Kondensator verschiebt den Strom gegenüber der Spannung um eine Viertel-Periode nach vorn (minus) und die Spule nach hinten (plus).

Der resultierende Gesamtwiderstand soll minimal werden, sodass sich die Schwingung möglichst dämpfungsfrei ausbreiten kann. Das geschieht genau dann, wenn sich der induktive Blindwiderstand der Spule und der kapazitive Blindwiderstand des Kondensators aufheben. Der entstehende Gesamtwiderstand ist gleich null.

$$X_L = X_C => X_{LC} = \omega \cdot L - \frac{1}{\omega \cdot C} = 0$$

Anhand dieser Bestimmungsgleichung können wir die Frequenz bzw. die Kreisfrequenz ermitteln. Indem wir die Gleichung nach der gesuchten Größe umstellen, erhalten wir:

$$\omega \cdot L - \frac{1}{\omega \cdot C} = 0$$

$$\omega \cdot L = \frac{1}{\omega \cdot C}$$

$$\omega^2 = \frac{1}{L \cdot C}$$

$$\Rightarrow \omega = \sqrt{\frac{1}{L \cdot C}} \ bzw. f = \frac{1}{2\pi} \cdot \sqrt{\frac{1}{L \cdot C}}$$

Bauteile im Wechselstromkreis

Die Frequenz eines LC-Schwingkreises wird auch als **Resonanzfrequenz** f_0 bezeichnet. Bei dieser Frequenz ist der Schwingkreis in Resonanz.

Dieser Zusammenhang wurde 1853 vom britischen Physiker William Thomson entdeckt. Mit Hilfe der Thomsonschen Schwingungsgleichung lässt sich die Resonanzfrequenz eines LC-Schwingkreises bestimmen.

 Wir haben die Formel zur Bestimmung der Resonanzfrequenz anhand eines Serienschwingkreises hergeleitet. Die Formel gilt jedoch auch für einen Parallelschwingkreis. In diesem Fall sind Spule und Kondensator parallel anstatt in Serie geschaltet.

 Ein LC-Schwingkreis bestehend aus einem Kondensator mit einer Kapazität von $C = 22\ \mu F$ und einer Spule mit einer Induktivität von $L = 470\ \mu H$ wird angeregt. Wie oft schwingt die Spannung pro Sekunde? Wie oft der Strom? Wie groß sind dabei der kapazitive Blindwiderstand des Kondensators und der induktive Blindwiderstand der Spule?

Lösung: $f = \frac{1}{2\pi} \cdot \sqrt{\frac{1}{L \cdot C}} = \frac{1}{2\pi} \cdot \sqrt{\frac{1}{470\ \mu H \cdot 22\ \mu F}} = 1{,}565\ kHz$

Sowohl der Strom als auch die Spannung schwingen mit 1565 Schwingungen pro Sekunde.

$$X_L = X_C = \omega \cdot L = 2\pi \cdot 1{,}565\ kHz \cdot 470\ \mu H = 4{,}6\ \Omega$$

Nachdem wir kennengelernt haben, wie eine elektromagnetische Schwingung entsteht, schauen wir uns an, wie man diese zur kabellosen Datenübertragung verwenden kann.

13.6 Elektromagnetische Strahlung

Eine elektromagnetische Schwingung bzw. eine elektromagnetische Welle entsteht durch das Zusammenspiel von elektrischen und magnetischen Feldern, beispielsweise mit Hilfe eines LC-Schwingkreises.

Bei niedrigen Frequenzen schwingen die Elektronen in Form einer messbaren Spannung und eines Stroms in den Leiterbahnen oder in den Kabeln hin und her.

Erhöhen wir jedoch die Frequenz, mit der die Elektronen hin und her schwingen, und dimensionieren eine passende Antenne, können sich die Schwingungen aus den Leiterbahnen in den Raum hinaus ablösen.

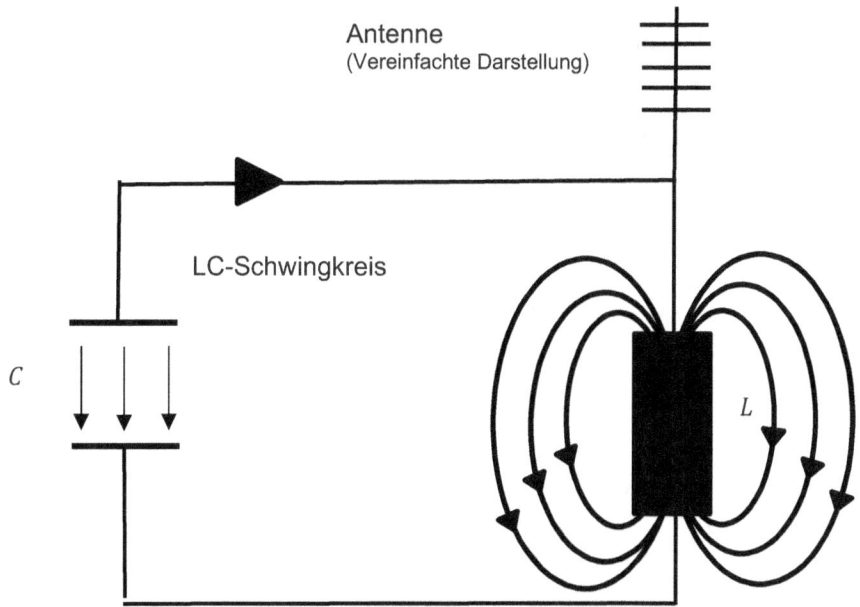

Abbildung 91 Aufbau eines elektromagnetischen Schwingkreises mit Auskoppelantenne

Die Welle wird in den Raum **abgestrahlt**. Um diesen Effekt erzielen zu können, müssen die Frequenzen äußerst hoch gewählt werden.

 Bei der Abstrahlung einer elektromagnetischen Welle aus dem Leiter bleiben die schwingenden Elektronen im Leiter zurück, denn eine Welle transportiert keine Materie.

Lediglich die elektrische Energie wird durch die Welle in Strahlungsenergie umgewandelt und abgestrahlt. Das elektrische und das magnetische Feld sind räumlich um 90° verschoben und stehen wiederum um 90° zur Ausbreitungsgeschwindigkeit.

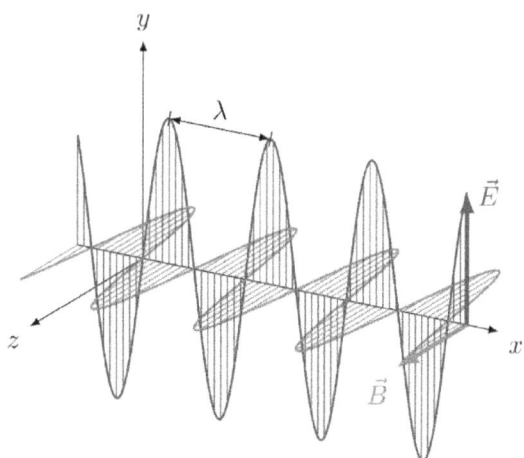

Abbildung 92 Darstellung der Ausbreitung einer elektromagnetischen Welle im Raum

Bauteile im Wechselstromkreis

Es wurde bereits erwähnt, dass die Frequenz der Schwingung sehr hoch gewählt werden muss, damit die Welle sich ausbreitet. Die folgende Tabelle hilft uns, ein Gespür für die Größenordnungen verschiedener Wellen zu bekommen. Da die Wellen anhand ihrer Frequenzen klassifiziert werden, spricht man auch von einem (Frequenz-) Spektrum.

Bezeichnung	Frequenz	Beispiel
Niederfrequenz	0 Hz bis 50 Hz	---
	50 Hz	Europäisches Stromnetz (leitergebunden)
	Bis 30 kHz	Uboot-Kommunikation
Hochfrequenz	Bis 3 MHz	Kurzwellenrundfunk
	Bis 300 MHz	Radio und TV
	Bis 1 GHz	Mobilfunk
	2,4 GHz	2,4-WLAN
	Bis 5 GHz	Bluetooth, 5G, GPS
	Bis 80 GHz	Radar
Infrarot	> 300 GHz	Mikrowellen
(Wärmestrahlung)		Wärmestrahler
Licht	> 300 THz	Sichtbares Licht
UV-Strahlen	> 800 THz	Schwarzlicht, Fotolithografie
Röntgenstrahlen	> 30.000 THz	Medizintechnik

Das europäische Stromnetz wird mit einer sehr niedrigen Frequenz von 50 Hz betrieben. Denn dabei handelt es sich um eine **kabelgebundene Schwingung**, die sich **nicht** ablösen soll. Jede elektromagnetische Welle, die sich aus den Leitungen ablöst, bedeutet einen **Energieverlust** beim Transport.

14 Zusammenfassung

Wir haben mittlerweile die Grundlagen der Elektrotechnik kennengelernt, verschiedene Bauteile behandelt und die dazugehörigen Schaltsymbole erläutert. Weiterhin haben wir das Wassermodell und die grundlegenden elektrotechnischen Größen und Effekte behandelt.

Schlussendlich können wir simple Schaltungen wie den Lade- und Endladevorgang von Spule und Kondensator nachvollziehen.

Auch haben wir komplexere Themen wie die Wechselstromlehre und LC-Schwingkreise betrachtet. Außerdem haben wir uns Praxisbeispiele, wie den Aufbau des Stromnetzes, angeschaut.

Natürlich war das nur eine Einführung, um mit der Thematik vertraut zu werden. Die Welt der Elektrotechnik ist um einiges umfangreicher. Es warten komplexere Bauteile wie ICs (integrated circuit), die ganze Schaltungen in sich enthalten.

Wichtige Grundkenntnisse, wie die verschiedenen Größen von Strom, Spannung, Widerstand und viele weitere, sind jetzt bekannt, genauso wie die Einheiten für verschiedene Leistungsarten oder die Energie.

Gemäß dem Motto „Es ist noch kein Meister vom Himmel gefallen" ist es wichtig, das Erlernte anzuwenden und nicht stehenzubleiben. Denn schon Nikola Tesla wusste:

„Die fortschreitende Entwicklung des Menschen hängt in lebenswichtiger Weise von Erfindungen ab."

-Nikola Tesla

Gratis E-Book

Danke, dass du dir dieses Buch gekauft hast. Da der Buchdruck direkt von Amazon übernommen wird und ich keinen Einfluss auf die Qualität der Bilder habe, kann es sein, dass vereinzelt Details verloren gehen.

Deshalb biete ich beim Buchkauf das E-Book in Farbe gratis als PDF-Datei an. Dort finden sich alle Bilder hochauflösend und man erhält immer die aktuelle Version.

Dazu schicke eine Nachricht mit dem Betreff „Elektrotechnik-E-Book" sowie einen Screenshot des Kaufs oder einen Nachweis über die Bestellung an folgende E-Mail-Adresse (private Daten können geschwärzt sein):

BenjaminSpahic@pbd-verlag.de

Ich werde dir das E-Book umgehend zukommen lassen.

Wenn dir etwas fehlt, nicht gefallen hat oder du Verbesserungsvorschläge oder Fragen hast, schreib mir gerne eine E-Mail.

Wenn dir das Buch gefallen hat, würde ich mich über eine positive Bewertung bei Amazon freuen. Das hilft der Sichtbarkeit des Buchs und ist das größte Lob, das ein Autor bekommen kann.

Dein Benjamin

Über den Autor

Benjamin Spahic ist ein aufstrebender Technik-Autor und Experte auf dem Gebiet der Elektrotechnik und Erneuerbaren Energien.
Benjamin ist zudem zertifizierter Energieberater und hat einen Master-Abschluss in der Informationstechnik mit Schwerpunkt auf Energietechnik und Erneuerbaren Energien.

Während seines Studiums war Benjamin als Schülerhilfe und ehrenamtlicher Nachhilfelehrer tätig. Gleichzeitig sammelte er praktische Erfahrung bei der Siemens AG am Standort Karlsruhe in der Hardware-Entwicklung.
Benjamin verwendet in seinen Büchern einer leicht verständlichen Sprache, um seine weitreichende Expertise zu vermitteln.

Seine Werke werden in diversen Schulen, Universitäten und Weiterbildungskursen verwendet. Zudem wurden zahlreiche seiner Werke übersetzt.
Benjamins Ziel ist es, preiswerte Bildung einer breiten Masse an Lesern zugänglich zu machen und dadurch die Expertise im Bereich der Technik zu fördern.

Bildnachweise:
Icons:
https://icons8.de/icon/113140/kugelbirne
https://icons8.de/icon/79638/obligatorische
https://icons8.de/icon/78038/math
https://icons8.de/icon/42314/taschenrechner
Alle nicht genannten Inhalte wurden vom Autor selbst erstellt. Er ist daher Urheber der Grafiken und hat die Verwendungs- sowie Verbreitungsrechte.
https://pixabay.com/de/illustrations/atom-molek%C3%BCl-wasserstoff-chemie-2222965/
https://en.wikipedia.org/wiki/File:Electrostatic_induction.svg
https://commons.wikimedia.org/wiki/File:Feldlinien_und_%C3%84quipotentiallinien.png
*: https://commons.wikimedia.org/wiki/File:VFPt_cylindrical_magnet_thumb.svg
*: https://de.wikipedia.org/wiki/Datei:RechteHand.png
*: https://de.wikipedia.org/wiki/Datei:Lorentzkraft_v2.svg
https://commons.wikimedia.org/wiki/File:RHR.svg
https://de.wikipedia.org/wiki/Datei:Schaltzeichen_Masse.svg
https://de.wikipedia.org/wiki/Datei:Chassis_Ground.svg
https://commons.wikimedia.org/wiki/File:Stromknoten.svg
*: https://de.wikipedia.org/wiki/Datei:Widerst%C3%A4nde.JPG
*: https://commons.wikimedia.org/wiki/File:Manta_DVD-012_Emperor_Recorder_-_power_supply.JPG
https://de.wikipedia.org/wiki/Datei:Diodenalt2.png
*: https://de.wikipedia.org/wiki/Datei:Diode_pinout_de.svg
**: https://www.chemie-schule.de/KnowHow/Datei:Sperrschicht.svg
**: https://www.chemie-schule.de/KnowHow/Datei:Sperrschicht.svg
https://de.wikipedia.org/wiki/Datei:Transistors-white.jpg
https://commons.wikimedia.org/wiki/File:Transistor-diode-npn-pnp.svg
https://de.wikipedia.org/wiki/Datei:NPN_transistor_basic_operation.svg
*: https://de.wikipedia.org/wiki/Datei:N-Kanal-MOSFET_(Schema).svg
**: https://de.wikipedia.org/wiki/Datei:Scheme_of_metal_oxide_semiconductor_field-effect_transistor.svg
**: https://de.wikipedia.org/wiki/Datei:Scheme_of_n-metal_oxide_semiconductor_field-effect_transistor_with_channel_de.svg
*: https://commons.wikimedia.org/wiki/File:MISFET-Transistor_Symbole.svg
*: https://de.wikipedia.org/wiki/Datei:Elko-Al-Ta-Bauformen-Wiki-07-02-11.jpg
*: https://commons.wikimedia.org/wiki/File:Kondensatoren-Schaltzeichen-Reihe.svg
*: https://de.wikipedia.org/wiki/Datei:Plate_Capacitor_DE.svg
https://de.wikipedia.org/wiki/Datei:Ladevorgang.svg
https://de.wikipedia.org/wiki/Datei:Ladevorgang.svg
*: https://de.wikipedia.org/wiki/Datei:Electronic_component_inductors.jpg
https://de.wikipedia.org/wiki/Datei:Diverse_Spulen.JPG
https://commons.wikimedia.org/wiki/File:Solenoid-1.png
https://de.wikipedia.org/wiki/Datei:Ladevorgang.svg
https://de.wikipedia.org/wiki/Datei:Ladevorgang.svg
Sonstige:
https://www.flaticon.com/de/premium-icon/strommast_3573229?term=strommast&page=1&position=12&page=1&position=12&related_id=3573229&origin=search
https://www.flaticon.com/de/premium-icon/sonnenkollektor_3933850
https://www.flaticon.com/de/premium-icon/oko-nach-hause_4640172
https://www.flaticon.com/de/kostenloses-icon/windkraft_902587
https://www.flaticon.com/de/premium-icon/wasserkraft_3202537
https://www.flaticon.com/de/kostenloses-icon/wasserkraft_259011
https://upload.wikimedia.org/wikipedia/commons/3/3f/Dreiphasenwechselstrom.svg
* Diese Datei wird unter der GNU-Lizenz für freie Dokumentation zur Verfügung gestellt.
https://commons.wikimedia.org/wiki/Commons:GNU_Free_Documentation_License,_version_1.2
Es können Änderungen vorgenommen sein.
** Diese Datei wird unter der Creative-Commons-Lizenz „CC0 1.0 Verzicht auf das Copyright" zur Verfügung gestellt.
https://creativecommons.org/publicdomain/zero/1.0/deed.de
Es können Änderungen vorgenommen sein.

Haftungsausschluss

Disclaimer: Der Autor übernimmt keinerlei Gewähr für die Aktualität, Korrektheit, Vollständigkeit oder Qualität der bereitgestellten Informationen. Haftungsansprüche gegen den Verfasser, welche sich auf Schäden materieller oder ideeller Art beziehen, die durch die Nutzung der dargebotenen Informationen bzw. durch die Nutzung fehlerhafter und unvollständiger Informationen verursacht wurden, sind grundsätzlich im weitest zulässigen Rahmen ausgeschlossen.

Außerdem kann keine Garantie für das Erreichen der beschriebenen Fähigkeiten übernommen werden.

Index

Abstrahlung 159
AC 120
alternate current 120
Amplitude 121
Anergie 30
Ankathete 20
Äquipotenziallinien 43
Äquivalenzumformungen 12
Arbeit 32
Arkuskosinus 21
Arkussinus 21
Arkustangens 21
Basis 83
Bipolar-Transistoren 81
Blindleistung 148, 150
Blindstrom 141
Blindwiderstand 141, 146
Bogenmaß 20
Bulk 81
Climate Orbiter 27
DC 114
die Kreisfrequenz 121
Differenzial 29, 54
Differenzialgleichung 93
diffundieren 77
Diode 76
direct current 114
dotieren 77
Drain 84
Drehstrom 133
Drossel 103
Durchbruchsspannung 79
Effektivwert 124
Eigeninduktivität 101
elektrische Feldkonstante 91
elektrische Potenzial 44
elektrische Widerstand 68
elektrischen Generatoren 117
Elektroden 89
elektromagnetischen Induktion 54
elektromagnetischer Schwingkreis
 157
Elektronengas 39
Elektronenwolke 39
Elementarladung 37
Elementarmagneten 49
Elementarteilchen 37
Emitter 83
Energie 32
Energieerhaltung 29

Erregerspulen 128
Erzeugerpfeilsystem 64
Eulersche Zahl e 15
Exergie 30
Exponentialfunktionen 13
Feldeffekttransistor 84
Feldeffekttransistoren 81
Ferrit 100
FET 84
Filtern 98
Fremdatome 77
Frequenz 121
Gate 84
Gegenkathete 20
Gitterstruktur 39
Gleichstrom 114
GND 60
Grenzschicht 77
Hypotenuse 19
imperiale Einheitensystem 27
Induktionsgesetz 54
Induktivität 101
Kapazität 90
Kirchhoffsche Gesetze 64
Knotensatz 65
Kollektor 83
Kondensator 88, 140
Kurzschluss 62
Ladung 37
LC-Schwingkreis 152, 157
Leistung 33, 74
Leistungs-Dreieck 150
Leiter-Leiter-Spannung 135
Leitwert G 70
Lenzschen Regel 55
light emitting diodes 80
Lorentzkraft 56
Luftspule 100, 101
Masche 66
Maschensatz 66, 92
Masse 60
Massepotenzial 60
Maximalspannung 121
Mittelwert 122
MOSFET 86
n-dotiert 77
NPN-Transistor 82
Nullpotential 60
Nullpunkt 132
Ordnungszahl 37

oxidieren	115	Spitzenwert	121, 122
Parallelschaltung	72	Spule	100, 144
parasitären Effekte	140	Starkstrom	133
p-dotiert	77	Strom-Drossel	103
Periode	121	Stromnetz	129
Periodendauer	121	Stromteiler	73
Permeabilität	48	Stromverschiebung	148
Permittivität	91	Stützkondensatoren	98
Phase	131	Substrat	81
Phasendifferenz	131	Système International d'unités	27
Phasenlage	131	technische Stromrichtung	47
Phasenverschiebung	131	Trägermaterial	77, 81
physikalischen Stromrichtung	47	Transistoren	81
PNP-Transistor	82	Trigonometrie	18
PN-Übergang	77, 79, 116	Valenzelektronen	39
Potenzialdifferenz	46	Verarmungszone	78
Präfixe	25	Verbraucher	61
Probeladung	56	Verbraucherpfeilsystem	64
Quadratischer Mittelwert	124	Verkettungsfaktor	135
Radianten	20	Verpolung	78
Rekombination	78	Volt-Ampere	150
RL-Glied	104	Volta-Säule	115
RMS-Wert	124	Volta-Zelle	115
Root-Mean-Square	124	Wechselspannung	120
Schalen	38	Wechselstromquelle	138
Scheinleistung	150	Wirkfaktor	151
Schutzleiter	133	Wirkleistung	148, 150
Selbstinduktivität	101	Wirkungsgrad	30
Solarpanel	117	Wolke-Erde-Blitze	114
Solarzelle	117	Zeitkonstante	94, 106, 109
Source	84	Zylinderspule	101
Spannungsteiler	71		

www.ingramcontent.com/pod-product-compliance
Lightning Source LLC
Chambersburg PA
CBHW052358220526
45465CB00003BB/1152